돈 들이지 않는 수납·정리 살림 아이디어 300

最强
15分鐘

【全圖解】

聰明收納術

1丟 **2**分 **3**定位，爲物品找一個家，從此好收好拿好輕鬆

聰明主婦

張二淑 著

林育帆 譯

房子乾淨，人生順利一半！

在準備出版本書時，我一直思考著要如何説服主婦們：收納‧打掃‧整理，是一件相當輕鬆的事。因此，我在網路上刊登，免費到府教收納的訊息，希望徵求實際案例，透過一對一的教學和引導，讓主婦們親自動手，感受「整理前」和「整理後」的差異及樂趣。我認為此方法比直接公布已收納乾淨的住家照片，來得更具說服力，且貼近實際生活。

雖然剛開始徵求時有些挫敗，因為大部分的主婦們，不願公開自己凌亂的家。所幸後來獲得朋友協助，讓我的出版計畫與募集收納活動，得以順利開展。

我一邊寫書，一邊教學，雖然每件案例的狀況各不相同，但唯一的共同改變就是「心態」。案主們開始重新看待收納這件事：「原來，收納可以這麼簡單！」、「只要捨棄不需要的物品，就是最佳的收納。」、「收納簡直就是魔法，令人著迷。」來自各地的熱烈回響，絡繹不絕。

此外，原先不願意公開自家照片的案主，也主動將完成收納的照片傳給我，開心地説：「雖然還是有些凌亂，但想跟老師炫耀一下，哈，我家真的變整齊了。」

甚至也有人說，「以往對收納很頭痛的我，依照老師教的基本原則收納後，不僅能將家中收拾整齊，連公司的辦公桌也一不塵染。我甚至開始幫忙同事整理，沒想到收納也能成為生活的樂趣之一。」看著每位主婦們，在學習聰明收納術後，變得更有自信，讓我深信「教導他人學習收納」，是一件意義非凡的事情。

如果你是一個不知該如何整理房間，對收納一竅不通；或房間剛整理完畢，卻又馬上變凌亂的人，請務必打開這本書，詳閱我所教導的聰明收納術，我相信每個人都能徹底改善居家環境，輕鬆享受整齊舒適的生活。

✱ 依使用習慣整理，才是最聰明的收納

我想各位應該都認同，「家庭主婦」是全天下最辛苦的職業，要洗衣服、煮飯、打掃、帶小孩等，每天都有忙不完的家庭雜務。其中，最令人困擾的就是居家的收納打掃。妳是否經常在整理完後，立刻又因老公或小孩的壞習慣，使家中再度變得髒亂，於是日復一日的不斷地辛苦整理呢？事實上，只要保有積極的心態，並善用收納的原則與技巧，每位主婦都能成為做起家事美麗又優雅的「聰明主婦」。

　　在開始收納前，請先「客觀地」審視環境，例如：客房是平日最常使用的空間、鍋子是最常使用的廚具、這些衣服是自己最喜歡穿的、老公和小孩每天都會使用玩具間等。因為能配合「居家空間」與「生活習慣」收納，才能避免一而再，再而三的反覆整理，讓妳成功逃離可怕的家事地獄。即便是初學者，也要秉持「我要成為家事達人」的信念，勇敢挑戰各類家事與收納整理。因為，**只要改變想法，就能改變行動；只要改變行動，習慣就會改變；只要習慣改變，命運也會跟著改變**。如此一來，家事將變成生活樂事與快樂泉源。

　　話雖如此，也請千萬不要抱持著「看完這本書，就能變成家事達人」的速成心態。

　　學習收納，必須每天持之以恆、一點一滴地慢慢累積，才能確實改變居家環境。就如同我們將吃進去的食物慢慢消化、吸收，轉化成能量；但這不代表一次吃很多食物，就能活力充沛、充滿能量；相反地，可能會造成腹瀉等身體不適的反效果。同理可證，如果一口氣就想將家中每一個角落，一次整理完畢，不僅無法完成，甚至會感到筋疲力竭，開始逃避或厭惡收納，避之唯恐不急。如此，居家環境只會越來越亂。

✻ 收納要系統化，最忌零散、瑣碎

因此，對新手主婦而言，「慢慢養成收納習慣」，才是長久之計。配合生活習慣、使用頻率和物品屬性等，掌握以上三大原則，就能自然而然地將收納視為一種「舉手之勞」。事實上，所謂的**「收納整齊」代表物品都在正確的位置上**。只要每次使用完後，都能確實擺放在正確的位置，收納將變得輕而易舉；只要方便整理，清潔打掃也將更輕鬆省力。藉由系統化的聰明收納術，不僅能縮短做家事的時間，也能幫助維持整潔，就能擁有更多屬於自己的悠閒時光。

最後，感謝我的家人在我寫書期間，分擔家務。尤其女兒，不僅幫忙處理家務，更指導、加強我的電腦技能，並督促我的寫稿進度。若沒有女兒的積極協助、幫忙，我是不可能完成這本書的。因此，我想在這裡，向我摯愛的家人們說聲謝謝，感謝你們的包容與支持。此外，更感謝讀者們及願意成為本書案例，公開住處照片的網友們，是你們成就了這本書。

願現在正在閱讀此書的各位，都能成為美麗優雅的「聰明主婦」，擁有幸福舒適的居家環境與人生。

聰明主婦　**張二淑**

目錄
Contents

PART
1

活用六大收納技巧，
15分鐘就乾淨！

PART
2

房間的收納原則：
衣櫃是重點，只留下會穿的衣服

Intro. 聰明主婦親授，不花錢的收納妙招

1 廢物利用！DIY環保收納用品

　　現代人為求生活便利、安全衛生，衍生許多「一次性用品」，例如飲料杯、寶特瓶、塑膠罐等。看似方便，但用過即丟，無形中製造許多垃圾和資源的浪費。其實，只要善用這些「一次性用品」，回收再利用，它們就能成為收納的好幫手，省錢又環保。

衣架

　　衣架是本書最常使用的收納工具之一。不論是送洗衣物時附贈的衣架，或家中既有的多餘衣架，只要善加利用、加工，都能成為相當實用的收納小物。因此，請記得下次乾洗衣物回來時，不要急著將衣架丟掉，不妨運用巧思，將它們摺成方便使用的形狀吧！

▲ 利用衣架製成瀝乾架，省錢環保。

▲ 善用衣架原有的掛鉤設計，反扣在衣櫥中，可收納各式皮包。

飲料紙盒

你使否經常將喝完的飲料紙盒隨手一丟呢？其實，只要將紙盒清洗乾淨，剪開後以迴紋針固定，再整齊地排列在抽屜內，就成為方便實用的收納盒了。

▲ 可自由改變紙盒的方向，或修剪高度，輕鬆收納。

▲ 放在抽屜中就是分隔收納盒，不但可充分利用空間，亦不會影響美觀。

牛奶塑膠瓶（家庭號）

家庭號的塑膠瓶容量大，只要將上半部較窄的握把處剪掉，就可利用其寬大的底部，收納零碎物品；也可將數個大小相同的牛奶塑膠瓶堆疊，增加收納空間的使用效率。

▲ 善用塑膠瓶原先的圓弧底部設計，將數個大小相近的塑膠瓶堆疊，可有效節省空間。

寶特瓶

最佳的省錢收納工具，不僅質地軟，易剪裁；其塑膠材質更可抗潮濕，因此適合放於冰箱內，收納各式調味罐與食材。

▲ 將剪裁好的寶特瓶，於背部黏上雙面膠，貼在牆壁或水槽的門片上，即可用來收納物品。

▲ 寶特瓶的瓶身透明，可清楚看見內容物，非常方便。

利用其堅硬厚實的材質，可自由拼裝或剪裁成各種不同大小，機動性高，非常實用。

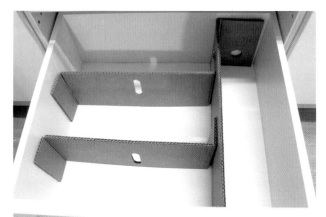

▲ 依收納空間大小，將鞋盒黏貼在一起，即成為收納盒。

▲ 紙箱的材質厚實堅固，非常適合當作抽屜的收納隔板使用，不易變形扭曲。

 2 達人推薦！便宜實用的收納小物

密封條

密封條是食物保鮮防潮的好幫手。只要將裝食物的袋子對摺，再以密封條封口，就能防止空氣或濕氣進入，延長保存期限。此外，密封條體積小，不佔空間，且適合所有尺吋的袋子，相當實用。

乙字型防滑褲架

不同於一般的衣架，單邊開放式的設計，使衣物的披掛、拿取更方便。此外，表面經過鍍鉻處理，能防止材質柔軟的衣物滑落，也不會使衣服留下吊掛的痕跡。

▲ 可至大賣場、39元雜貨店購買，約10元起。

▲ 可至大賣場、39元雜貨店購買，約30元起。

長形收納籃

　　附有隔板的長形收納籃，是我喜愛使用的款式之一。因為家中的櫃子通常較深，只要使用長形收納盒，就能讓櫃子的最深處也被充分利用，完全不浪費空間。此外拿取深處物品時，只需將收納盒如抽屜般拉出即可，方便又不費力。

▲ 可至大賣場、39元雜貨店購買，約39元。

寬形收納籃

　　尺寸約為38.5×28.5公分，因其底部寬淺，較不適合放重物或體積大的物品，但卻非常適合放在夾層中，例如冰箱、冷凍庫或衣櫃內，方便收納物品。

▲ 可至大賣場、39元雜貨店購買，約39元。

掛式收納架

　　此款收納架的背部可完全貼合壁面或門板，適合擺放重量較輕的物品，可創造更多意想不到的收納空間。

▲ 可至大賣場、39元雜貨店購買，約39元。

置物架

　　聰明主婦除了懂得收納外，也必須懂得創造收納空間。利用置物架，可放進櫃子或抽屜中的層板，充分活用剩餘空間。

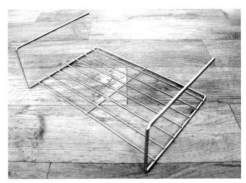

▲ 可至大賣場、39元雜貨店購買，約100元。

衣架防滑圈

橡膠製成的衣架防滑圈，套進衣架的左右末端，可防止領口較大，或是雪紡紗等材質較柔軟的衣物滑落。

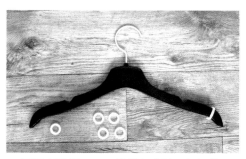

▲ 可至大賣場、39元雜貨店購買，每包數個，單包約39元起。

束線帶

多為魔鬼氈式，可重複黏貼，輕鬆收納各式線材，避免打結、散亂。

▲ 可至大賣場、39元雜貨店購買，每包數條，單包約39元起。

透明壓克力板

保鮮盒雖是保存冷凍食材的最佳容器，但若堆疊過高，開關冰箱門時，也容易掉落。這時，只需準備一塊壓克力板，插入門片與保鮮盒間，就能防止物品掉落，又能清楚看見內容物，美觀又整齊。

▲ 可至網路搜尋「壓克力板」購買，依厚度不同，每塊約100元起。

保鮮盒

若將食物反覆冷藏、解凍，將造成細菌滋生。因此，建議將每次需要的用量，事先分裝在保鮮盒，不僅能確保食物的新鮮度，也能有效運用冰箱的收納空間。

▲ 可至大賣場、39元雜貨店購買，約39元。

排水管清潔刷

　　附著在排水管的汙垢，是造成惡臭和堵塞的原因。但排水管很長，要徹底清潔並不容易。因此，請在家中準備一支長刷，方便隨時清除排水管深處的汙垢。

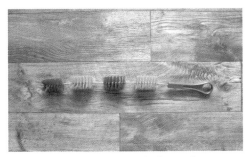

▲ 可至大賣場、39元雜貨店購買，約39元。

超長排水管疏通刷

　　長達 72 公分的疏通刷，可順著排水管自由彎曲，利用刷毛將汙垢清除的同時，亦能保持排水管的通暢，避免阻塞。

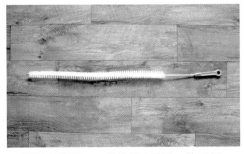

▲ 可至大賣場、39元雜貨店購買，約39元。

碗盤架

　　這是能將盤子、碗蓋等經常使用的餐具，分疊成兩層的收納工具。可依碗盤的實際大小置放，自由轉換方向使用。直立豎起時，也可當作CD架使用。

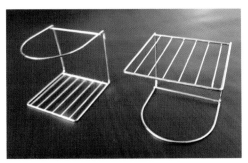

▲ 可至大賣場、39元雜貨店購買，約39元。

大頭螺絲釘

　　只要利用螺絲釘，就可自由調整置物架的高度或自行增加置物架，充分活用家中的零碎空間。此外，螺絲釘也可以當作櫃子內的層板支架，用途多元。

▲ 可至大賣場、39元雜貨店購買，價格依大小不同而略有差異。

塑膠三格書架

原本是用來放書的書架，也可以當作碗盤收納架。因底部中間有凹槽，即使將盤子像書一樣立起擺放，也無須擔心滾落或摔壞。

▲ 可至大賣場、39元雜貨店購買，每個約39元起。

毛巾架

將兩支毛巾架直立並排，固定在櫃子內的門片上，即可吊掛領帶、圍巾或抹布，增加收納空間。

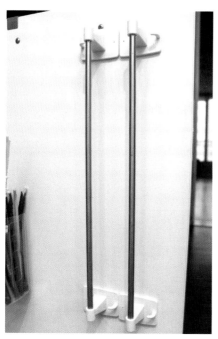

▲ 可至大賣場、39元雜貨店購買，每支約39元起。

L型書架

原是為了讓書籍直立不倒而設計，也能運用於廚房等其他場所。例如，可置於冰箱或冷凍庫內，防止開關門時，收納於門邊的物品掉落。

▲ 可至大賣場、39元雜貨店購買，每個約39元起。

3 一學就會！「收納」的 4 大重點

現代生活豐衣足食，物質不虞匱乏，但也正因如此，衍生出許多不必要的物品，造成居家環境凌亂不堪，原本「收納」這件看似隨手就能完成的工作，也越顯得困難棘手。

每次想開始認真收納，卻不知該如何開始？看到網路上五花八門的收納示範，也只會盲目跟從，購入許多昂貴的收納工具，卻不知該如何有效運用？

誠如購買華麗的家具，也不表示住家就會富麗堂皇；使用高級建材做的室內裝潢，如果無法符合居住者的生活起居習慣，也只能說是「失敗的裝潢」。也就是說，真正的收納，必須符合居住者的使用習性，才是真正成功的收納。

如同為了追求美味，開始學習做料理；學習「收納整理」，則是為了追求更高的生活品質與舒適度。現在，讓我們開始學習正確且有效的「收納術」吧！

利用回收物，自製收納用品

比起收納，更困難的是「維持整齊」。各位是否經常在辛苦收納後，過沒幾天又亂了呢？事實上，只要掌握基本的收納原則，就能輕鬆維持整齊，讓收納成為「隨手」就能完成的工作。

若無法妥善利用額外購買的收納工具，那麼這些工具也將成為「被收納」的對象，甚至是垃圾。因此，我建議先學習、掌握收納原則，再視情況增添工具。

此外，市售的收納工具，大都是單一規格尺寸，不見得適用於每個家庭。因此不妨利用回收物，製作不花錢的環保收納用品，

> **聰明收納術的 3 大原則**
> ❶ 利用回收物，自製收納用品
> ❷ 適時適所，收納必須符合空間
> ❸ 採買收納用品前，先考量居家陳設

不僅省錢，更可根據個人需求，隨意剪裁。例如：生活中常見的飲料紙盒、牛奶塑膠罐或寶特瓶等，只要稍微加工，就是絕佳的收納工具。此外，近來興起的39元雜貨店，也能找到許多便宜又好用的收納小物，不妨多加利用。

適時適所，收納必須符合空間

每個居家環境的構造、裝潢、家電用品和家具等擺飾都不盡相同，同理可證，收納也必須「適時適所」，才能營造出最佳的收納環境。為此，我建議利用回收物自製收納用品，才能充分活用於不同場所，建立專屬的收納法則。

一般人在準備開始收納前，大多會先購買收納盒；但若沒有考量實際空間大小或陳設，就隨意購買，反而會成為累贅，適得其反。也就是說，應該先思考居家環境的收納規劃，再考慮是否需添購收納工具。例如，思考物品的擺放順序、經常使用的物品有哪些、哪些物品是可丟棄的等。待這些收納規劃都安排妥當後，再依需求購買收納物品，不僅可提高收納效率，也可避免花冤枉錢。

若無法購買到理想的收納工具，也不用灰心，不妨自製收納用品吧！只要準備尖嘴鉗、剪刀和美工刀等簡單工具，便能量身訂做適合自家環境的收納工具了。

 4 購買收納盒的原則與方法

隨著人們對「收納」意識的高漲，近年來各式五花八門的收納盒也因應而生。但若是以「美觀」為考量購買收納盒，不僅無法將收納盒的效益發揮至極致，甚至會凌亂不堪。現在就讓我們一起學習，收納盒的購買技巧吧！

購買前，建議先測量並紀錄收納空間的實際大小，購買時，務必要比對收納盒的尺寸是否合宜。例如，若是較深的收納空間，沒有適合其大小的單一收納盒時，可購買兩個相同大小的收納盒，並排擺放，徹底活用零碎空間。

 收納 TIP

請將收納空間「完全填滿」

大部分的收納空間都是四角形，因此使用收納工具或隔板時，也請選擇四角形的工具，徹底填滿收納空間。如下圖所示，若使用圓形的收納工具，儘管相互緊貼，仍會留有空隙；反觀使用四角形方盒時，就能完全緊貼，毫無空隙。

購買相同形狀和尺寸的收納籃

　　建議購買收納籃時，選擇相同的形狀和顏色，可使整體外觀更整潔一致，增強收納效果。

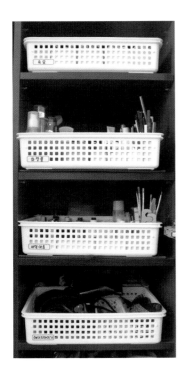

注意收納用品的上下寬度

　　購買收納用品時，也請注意其上下寬度。如下圖所示，若是使用上寬下窄的收納籃，並排時下方會產生空隙，浪費空間；若是使用上下寬度一致的收納籃，並排時便能完全緊貼，不佔空間。

▲ 上下寬度不同的收納籃，並排擺放時，下方會產生空隙。

▲ 上下寬度相同的收納籃，並排擺放時，可完全緊貼。

跟著我一起優雅收納！

Part ❶

活用六大收納技巧，
15分鐘就乾淨！

是否覺得東西永遠收不完？
就算花了很多時間整理，還是沒有成效？
因此，本章將告訴各位，
如何透過短時間、花小錢、省體力，
就能輕鬆擁有舒適居家環境的
15分鐘超高效收納術。

1 為什麼這麼亂？無法維持整潔的原因

各位讀者，你是否也不斷地問自己：
「為什麼做好收納，這麼難？」如果
你心中也有這樣的疑惑，現在，請跟
著我理性客觀地分析，以下四個問
題，一同找出無法維持「整潔」的癥
結點吧！如此，才能有效收納，免於
陷入「越整理越雜亂」的困境。

1 捨不得丟東西

2 不考慮實際收納空間，拼命購買

3 沒有幫物品安排固定的「收納位置」

4 缺乏「物歸原處」的收納意識

1 捨不得丟東西

　　「這個好像之後還可以用吧？」、「雖然用不到，但有紀念價值，先留著」、「這個東西沒壞，先留著。」各位是否經常在收納整理時，心中冒出以上幾句OS呢？或者每次想著「丟或不丟」，搞得天人交戰呢？我發現，無法落實整齊收納的人，幾乎都有上述通病，也就是：即使是完全用不到的東西，他們也捨不得丟。

　　根據統計，一般家中常用物品大約只佔20％，那麼其餘的80％呢？就是我們平日鮮少使用的物品，等同於雜物，甚至是「垃圾」，而這些雜物正是造成環境凌亂的主因。因此，請大家勇敢地將家中80％的雜物丟棄吧！**如同減少脂肪是瘦身的唯一途徑；減少雜物也是改善生活環境的不二法門。**唯有懂得「斷、捨、離」，才能徹底改變收納習慣，進而擁有舒適的生活品質。

2 不考慮實際收納空間，拚命購買

　　各位是否經常一踏進賣場，就被「買一送一」或「滿額贈」等促銷方案吸引，買了一大堆不必要的東西呢？我想身為精打細算的主婦們，一定經常陷入商人的圈套，就連我自己也是，回家後才發現這些贈品一點用處也沒有，最終只能被堆放在角落成為雜物。食物也一樣，就算是買一送一，若無法馬上吃完，也只能囤放在冰箱中，甚至放到過期腐壞，成為廚餘被丟棄，非常浪費。

　　因此，**不論採買食物或日常用品，請靜下心仔細衡量家中所需與空間，切勿被促銷手法所蒙蔽，**將一大堆不必要的「垃圾」買回家。

▲ 沒有考量家中的收納空間，拚命購買，最後只好堆放至陽台等角落。

▼ 只要下定決心「取捨」，用不到的東西就會自動出現，減少猶豫不決的時間。

3 沒有幫物品安排固定的「收納位置」

事實上，收納就是幫物品安排「指定座位」，就如同看電影時有指定座位，如此才不會造成秩序混亂，影響每個人的權益。同理，若沒有替物品安排指定位置，拚命往空隙亂塞，不僅凌亂，也會在需要使用時，遍尋不著。為此，**請為家中每樣物品規劃「指定位置」，並在每次使用後立刻歸位**，避免造成環境的髒亂。

不過，該如何安排位置呢？首先需掌握每樣物品的屬性、用途和使用頻率，再將其安排在適合的位置。例如，將廚具用品放在兒童房或主臥房內，就是錯誤示範，只會徒增使用上的不便。

簡而言之，只要為每樣物品安排專屬的「家」，不僅有助收納整理，更能長久維持整潔的生活空間。

▲ 物品沒有隨手歸位，造成環境髒亂，也會在需要使用時，不易尋找。

▲ 使用後沒有立即歸位，不僅凌亂，更會造成日後整理的不便。

4 缺乏「物歸原處」的收納意識

　　我常被問：「老師的家一定很乾淨吧？」事實上，我家也不是隨時都很乾淨整潔，只是我隨時保有收納意識，一旦稍有凌亂便立刻整理，順手物歸原處。

　　各位不妨回想，我們最懂得收納整理的年紀，似乎是孩童時期。因為那時父母會要求我們：「收拾好玩具，下次才能玩」。這也讓我領悟到，**只要將「收納」視為一種習慣，便不會覺得這是一件惱人的麻煩事。**

　　不要再為自己找藉口，現在就養成隨手整理的好習慣吧！習慣一旦養成，家中就不會發生像是被炸彈炸過般，雜亂不堪的情形了。

▲ 將物品隨意堆放，疊好的衣服，也沒有立刻收進衣櫃裡。若沒有養成良好的收納習慣，再強的收納術，也無法讓家中長久保持整潔。

▲ 這是主臥室前的陽台。因東西多到無處可放，只能堆在鮮少使用的空間，造成環境更雜亂。

2 新手也會的 快速收納 5 步驟

決定開始整理後，又該從何開始呢？是否有什麼獨門絕技，能讓收納完畢的環境，長久保持乾淨整齊呢？以下，我將介紹簡單又快速的「收納5步驟」。如果各位摸不著頭緒，不知該從何做起，不妨參考下列5步驟，保證收納效果事半功倍，讓你從此愛上收納！

1 只留下「一定用得到」的物品

2 依物品的「使用目的」分類

3 依物品的使用頻率，安排「指定座位」

4 「方便取用」的收納最理想

5 懂得「維持整潔」，比學會收納更重要

STEP 1 只留下「一定用得到」的物品

　　沒有妥善整理的居家環境，其特點就是物品比收納空間還多。一旦東西變多，只會越來越不知道該如何整理、不想整理，最後索性放棄，造成環境越來越亂，一發不可收拾，難以回頭。因此，請務必認清，**收納空間不會隨著物品的增加而變多或變大**；若不懂得「捨棄」，減少物品的數量，再厲害的收納術也幫不了你。

　　因此，收納的第一步，就是「果斷地丟掉不需要的物品」，因此，請各位務必鼓起勇氣「丟東西」。不過，該如何確認哪些是「不需要」的物品呢？不妨先建立一套檢視標準。例如，最近一年內不曾使用的東西？還是一年只使用過一次的東西？如此一來，在決定捨棄時，就不會游移不定，就能加快收納的時間。如果你真的無法取捨，不妨改以回收再利用或樂捐等方式，也是減少雜物的好方法之一。

除了丟棄，改變購買習慣，也能大幅提升收納空間。例如：每次購買一次的份量、購買前理性思考該物品的必要性等。因為若不根本地改變購買習慣，收納將如同輪迴般，永無止境。

此外我建議，**與其花一天的時間整理，不如一天花15～30分鐘就好**；或是訂下整理完成某區域的目標，更有效率。每天一點一滴的累積，與一鼓作氣完成，雖後者看起來企圖心更高，卻容易造成疲勞感，久而久之，反而更容易放棄。反之，若能每天慢慢感受居家環境的改變，不僅可增添自信，也更能充分感受「收納的成就感」。

STEP 2 依物品的「使用目的」分類

學習分類，是收納的第二個課題。許多人不懂得分類，家中哪裡有空間就往那裡塞，不僅凌亂，等到要用時，通常也找不到。因此，不論學習任何事，都必須按部就班，就如同剛學會走路的嬰兒，無法馬上開始跑步；剛學會一些基本的分類技巧，也千萬不要妄想一口氣就能馬上快速分類完畢。但是，只要按部就班，並努力實踐，久而久之，進行分類的速度就會變快。

舉例而言，某天突然一時興起，想要整理亂七八糟的櫥櫃時，請不要想著把物品全部拿出來，再依序放到各自的分類箱；因為，若不懂得分類的要領，整理速度便會很慢，同時耗費體力。若中途整理到一半不想整理了，也只能再次把東西塞回櫃中，永遠也整理不完。

我的建議是，初學者請依個人標準，**準備數個「要丟的」、「經常用的」或「要捐出的」等分類紙箱，再逐一將櫃中的物品取出放入，依序進行分類**。如此，不僅能明確分類，縮短時間；也不用擔心中途想暫停休息時，仍有一大堆散落在地板的物品，可大幅提升收納的準確性和效率。

收納TIP

有捨，才有得

即時房子再大，我們永遠會嫌不夠；不是房子狹窄，而是我們不懂得知足。請記得，「有捨才有得」，有時捨棄，是為了得到更多。換言之，保有一顆悠閒恬靜的心，亦是收納的最高境界。

收納TIP

每天整理15分鐘

不論丟棄物品或分類，建議每天安排固定時間進行，比花一整天來得有效率。除了能降低疲勞感，也可讓各位有更多時間思考，該物品的必要性和屬性為何，才能真正地將它們擺放在符合其用途的位置，提高收納的準確性與效益。

亂糟糟 亂糟糟 亂糟糟 亂糟糟

STEP 3 依物品的使用頻率，安排「指定座位」

　　完成取捨、分類後，接下來就是重新安排物品的擺放位置。**而決定物品收納位置的首要條件：即是考慮其日常的使用頻率。**建議將經常使用的物品，放在方便拿取的位置，就能減少翻找的時間，也可避免弄亂其他物品。此外，也建議各位為每樣物品安排「指定座位」，如此，每次使用完畢後，就能明確地將它們放回原位，避免隨意亂塞，也才不會讓辛苦整理完的環境，一下子又亂掉了。

 收納TIP

經常使用的物品，要放在「好拿好收」的地方

　　決定物品擺放位置時，除了考量用途和尺寸，最重要的就是「使用頻率」。經常使用的物品，要放在方便拿取的地方。例如：每天都會使用的物品，應放在與視線同高的位置；需要踮腳的高處位置，則適合擺放使用頻率低、輕巧且不易損毀的物品；需要蹲下的低處位置，則適合擺放使用頻率低且較笨重的物品。

幾乎用不到的物品／較輕的物品

偶爾使用的物品

經常使用的物品／易受損的物品

偶爾使用的物品

幾乎用不到的物品／
較重的物品

STEP 4　「方便取用」的收納最理想

　　各位開始學習收納前，請務必先矯正一個觀念：**收納是為了方便使用，而不是美觀。**

　　雖然許多人是因為凌亂，才決心開始收納。但若是以美觀為標準的收納，只會讓環境越來越亂。因為收納的最大目的，是為了讓所有物品一目瞭然、方便取用，且能輕鬆歸位。

　　然而，「方便使用」因人而異，就好比每個人煮泡麵的方法不同，有些人會將調味包和水一起煮；有些人則是水煮開時再放入調味包和麵。每個人的生活習慣不同，適合甲的收納術，不一定適合乙。即使是居住在相同空間、擁有相同物品的兩人，其收納方法與擺設，也會因個人習慣不同，而有所改變。因此，只要能方便取用且易於收納、擺放的方式，就是你最理想的收納術。

請預留收納空間

　　收納時請預留空間，避免新物品無處可放；若無預留空間，待增添新物品時，又必須重新規劃，費時又費力。

 ## STEP 5　懂得「維持整潔」，比學會收納更重要

　　擅於收納整理固然重要，但懂得維持整理後的狀態，也同樣重要。如此才能長久擁有舒適的環境，也可避免一直陷入「重複收納」的厄運。尤其購物時，請先衡量是否仍有收納空間，且該物品是否為必需品；並且務必養成使用後就物歸原處的收納意識。

　　其實，收納的真正學問在於：❶果斷捨棄不需要物品的勇氣；❷購物時的理性判斷，及思考既有收納空間是否充足的智慧；❸將使用完畢的物品，立即放回原位的習慣。只要確實培養並遵守以上三點，想長久維持整理後的舒適環境，絕非難事。

「收納」是一種生活習慣

　　只要將收納視為「舉手之勞」的習慣，就可輕鬆常保居家環境的舒適整齊。此外，與其抱怨老公或小孩，隨意亂丟東西，不如先確實監督自己，是否每次都有物歸原處，以身作則，讓家人們從旁學習，進而得以共享舒適的居家生活。

3 再也不雜亂！
一定要會的 6 大收納法

了解收納的基本概念、原則和次序後，現在終於要進入收納實戰篇了！以下將介紹6大收納法，這套收納法適用於各個場所與空間，只要學會這套收納法，並可自由組合、靈活運用，即能輕鬆打造舒適的居家環境。

1 聯想收納法
2 分類歸納法
3 隔板收納法
4 直立收納法
5 抽屜收納法
6 標籤收納法

1 聯想收納法

「聯想」意指由單一概念所激發、衍生的其他概念。換言之，當我們看到某樣物品時，就會立刻聯想到另一項物品，例如口紅與指甲油（化妝品類）、筷子和湯匙（餐具類）、內褲和內衣（內衣類）。只要將容易被聯想的物品放在一起，不僅方便整理，當使用完畢要放回原位時，也不容易忘記。

也就是說，將功能相似的物品放一起，即使無法立刻想起物品的所在之處，但只要聯想到其中一項，就能快速找到其他物品，這即是聯想收納法的最大優點。

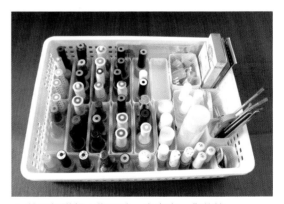

▲ 美甲類聯想：指甲油、去光水、化妝棉。

2 分類歸納法

將相同種類的物品收在一起，即
是歸納法。當我們實施聯想法後，就
可利用分類歸納法，將屬於同一使用
空間的物品，擺放在一起。例如：化
妝品類和內衣類，同屬臥室；而餐具
類和廚具類，則同屬廚房。

只要將功能相似、使用地點相同
的物品收納在一起，需要使用時就會
更方便，整理也會更輕鬆省事。

▲ 將內衣和襪子等，屬於相同使用空間的物品
放在一起，不僅方便使用，也易於收納。

3 隔板收納法

即是將一個大空間，區分成數個小區塊。此一作法，利於細小物品的
收納，也有助於維持收納後的整齊狀態。

物品越小，越適合使用收納隔板，例如茶包、糖包、吸管或奶精球
等；但要買到完全適用於空間的隔板並不容易，因此不妨利用牛奶紙盒或
紙箱等自行製作，自由剪裁，充分活用隔板式收納的效益。

▲ 依據抽屜大小和用途作區隔。
但若分得太細反而不利收納，
建議約略粗分幾個大類別的隔
板區分即可。

▲ 使用隔板，有利於長久維持收納後的整齊狀態。

🥣 4 直立收納法

　　一般人多習慣「平躺式收納」，也就是將物品層層疊起，擺放整齊。雖然方便整理，卻難以取出物品；或是經常從中間抽出後，整疊垮掉，造成凌亂。尤其是衣服，是否經常從中間抽出一件後，整疊就亂掉呢？或是為了找某件衣服，需要把衣服層層拿起，才找得到呢？

　　這時只要改以直立式收納，將物品摺好後立起，再排列整齊。如此，不僅方便拿取，也能增加收納空間。另外，更能馬上看到物品的圖案或花色，方便尋找。

▲ 採用直立式收納，方便取物也不易弄亂，請務必善加利用。

🥣 5 抽屜收納法

　　顧名思義，抽屜收納法就是將收納盒或紙盒當作抽屜，放在較深的衣櫃或冰箱中，需要使用時，只需將收納盒拉出，方便省時。

　　此一作法，特別適用於較深的櫥櫃或衣櫃。各位是否經常因為怕麻煩，只將物品放在靠近櫃子門邊的位置，以便一打開就可拿到呢？事實上，只要運用「抽屜」的概念，就能充分活用更多看不見的空間，進而提升收納的效益。

▲ 使用抽屜法，可運用更多看不到的空間，有效利用每個零碎角落。

🥣 6 標籤收納法

　　所謂「標籤收納法」，就是將標籤貼在收納箱上，非常簡單。或許有些人會納悶，為什麼要貼呢？其實，貼標籤的目的，除了可快速找尋物品外，更有助於培養物歸原處的習慣。

　　通常我們都會記得從哪裡拿，卻忘了應放回哪。而有了標籤的輔助，每當使用完畢後，便能立刻歸位。

▲ 將標籤貼在收納箱外，不但方便尋找也易於將物品歸位，培養好習慣。

不懂收納，導致雜物間寸步難行

Before

▲ 因為不擅整理，導致物品隨處掉落、凌亂，就連要走進雜物間找東西都十分困難。

Before ▶ 沒有丟的勇氣，導致越堆越多

　　這位委託人是經由朋友介紹，同時也是我為了本書，所募集的「免費到府教收納」之第一件委託案。首先，我請對方先將家中需要整理的照片拍給我，以便讓我能事前準備，提供有效的指導。但過了三個月，遲遲沒有收到對方的回覆，於是我便主動聯繫。沒想到，對方竟說「亂七八糟的住家照片是拍了，但是實在太難為情，所以沒有寄給您。原本打算放棄，但是您再度聯絡我，於是我決定鼓起勇氣試試看。我想徹底改造我們家。」

　　其實，我非常明白要向陌生人公開家中凌亂的照片，是一件多麼困難的事。但是，若沒有「勇氣」，就無法「改變」，進而擁有「幸福」。現在，就請大家看看整理後，煥然一新的雜物間吧！

用不到請丟棄，勿盲目囤積

未仔細衡量物品的實用性，便盲目地將所有東西留下，是造成環境凌亂的通病之一。由於沒有「丟東西」的勇氣，又只會囤積不懂收納，讓原本有價值的物品，形同雜物；委託方的雜物間即是如此。雖然稱作「雜物間」，但原是一個擺放洗衣機和生活用品的房間。因此，我們只要利用收納櫃和收納盒，仔細分類，就可迅速找出應該被丟棄的物品，重拾失去的收納空間。

◀ 堆放在雜物間的資源回收物。這些是造成環境髒亂的元兇，必須立刻處理。

▲ 就連走去洗衣機、櫃子的通道上也都堆滿雜物，不論是行走或拿取，都相當不便。

▲ 沒有依用途放置物品，導致收納櫃雜亂不堪，不易尋找物品。

▲ 使用開放式收納櫃，可一目瞭然地知道每樣物品的擺放位置，方便拿取與歸位。

▲ 這些是為了整理而買的收納箱。由於不懂得分類，買再多箱子也派不上用場。

After

利用開放式收納櫃，排列物品

收納完的最大改變，就是原本寸步難行的雜物間，變得整潔、順暢無比。收納櫃整齊排列，清楚明瞭，甚至還有多餘的空間可使用。這張照片是整理完後幾天拍攝，看得出屋主很努力維持舒適整齊的狀態。接下來，我將仔細地向各位說明收納的重點，只要掌握這些重點，就可以輕鬆整理家中的雜物間，讓它看起來一點也不「雜」亂了。

▲ 與整理前相比，最大的改變就是「有路可走」。現在，要使用洗衣機不再是件難事。

▲ 利用收納盒將餅乾依口味、鹹甜等分類，不僅有助收納，也能讓孩子輕鬆找自己喜歡的零食，不易弄亂。

▲ 原先未善加整理，根本不清楚家中有哪些物品，以致同樣的鋁箔紙重覆購買。

▲ 將瓶罐依品項區分排列，以便確實掌握庫存，適時添購。

▲ 將尚未使用的鋁箔紙，整齊地放在收納盒中。

▲ 將原本被棄置於地上的鐵架，掛於收納櫃旁，做成清潔用品的置物架，創造方便取用的收納空間。

▲ 將重量較重的保健食品，統一放在收納櫃的最下層。建議將相同類別的物品放在一起，便能充分掌握庫存量，避免不必要的重複開銷。

▲ 將馬鈴薯和洋蔥等食物，放在其他可單獨分離的收納籃中，方便拿取。此外，請用報紙將馬鈴薯蓋起，防止變綠發芽。

▲ 將堆在泡菜冰箱上的雜物全部清除，恢復其原本應有的使用功能與價值。

 收納TIP

自製多用途的S形掛鉤

　　想在收納櫃旁掛上收納盒，卻找不到適合的掛鉤嗎？這時不妨利用衣架，自製S形掛鉤。只要將衣架切斷再彎成S形，即可依收納櫃大小，自製合適的掛鉤，牢固又省錢。此外也可在掛鉤尾端套上吸管，可避免拿取時，因衣架的鐵絲切口而受傷。

坪數大，卻無法使用的廚房

Before

▲ 雖是 30 坪大的寬敞廚房，卻因不懂收納，造成廚房空間亂糟糟。

Before ▶ 不斷囤積，廚房變成雜物間

委託方想整理住家的決心十分堅定，雖然她自己也曾努力嘗試過幾次，卻屢屢失敗，最後在朋友的幫助下，終於將廚房整理好，卻沒有辦法長久維持，沒多久又恢復髒亂的模樣，最終只好放棄整理。身為聰明主婦的我，堅信這世上絕對沒有無法整理的空間，於是便接受這個挑戰，完成委託方「擁有一個乾淨整齊的廚房」的心願。

▲ 餐桌旁散落著許多垃圾、紙盒和空箱，十分凌亂。

▲ 空瓶、噴霧瓶、花盆，甚至氣泡紙等，流理台旁被雜物所佔滿，毫無空間可使用。

▲ 瓦斯爐旁散落著大大小小的塑膠袋，不僅難以下廚，甚至可能因易燃特質，釀成火災，十分危險。

Point ▶

依空間決定物品數量

　　開始整理後我發現，委託方的「囤積習慣」是造成廚房凌亂主因。不論是放太久而無法再使用的密封罐、果醬空罐、調味罐等，她全部都會留下來，覺得這些空瓶總有一天能派上用場。也正因如此，使原本應屬於廚房工具的平底鍋、餐盤、調味料罐等，因為這些空瓶而失去收納空間，只能凌亂的被擺放在流理台上。

▲ 水槽旁的堆滿碗盤、抹布、清潔劑、橡皮手套等物品，看起來十分凌亂。

　　因此，在整理的過程中，我不斷地向委託方強調，「有多少空間放多少物品的觀念」，以積極尋找消失的空間。雖然這樣由我口述指導，讓委託方親自整理，相當費時。不過，我覺得唯有如此，委託方才能親眼感受整理完成後的變化，進而產生成就感，化作未來持續收納的動力。

▲ 中島櫃上有衛生紙、空寶特瓶、計算機等各種屬於「客廳」的物品，導致下廚空間被嚴重剝奪。

▲ 將經常使用的餐具放在最高處，需要時難以取出，非常不便。

After ▶ **斷捨離後，廚房終於有收納空間了**

　　廚房徹底大變身了，讓人不禁懷疑，這真的是同一個廚房嗎？在整理過程中，我不斷說服委託方，「統一收集大小類似的空瓶或容器就好，可當作收納工具；像現在這樣隨意亂收集，看起來很凌亂。」、「我們無法改變既有的空間，用不到的物品就是雜物。」因此在整理過程中，委託方十分努力減少物品，說服自己狠下心丟東西，同時依照用途替每樣物品訂出「固定位置」。如此，現在的廚房看起來如同樣品屋般，乾淨整齊。

▲ 水槽底下的櫥櫃堆滿鍋子、食材、餅乾、保鮮盒等各式雜物，難以尋找使用。

▲ 這些是委託方經思考後，決定丟棄的物品，由此可見，雜物真的非常多。

▲ 將所有的物品妥善放進櫃中，檯面上看不見任何雜物，十分乾淨。

▲ 將中島櫃上用不到的物品全部清除，並利用小抽屜妥善收納整齊。另外，在中島的小高台上，擺放相框等裝飾品，避免日後隨意將物品擺放於此，再次造成凌亂。

▲ 依據委託方的使用習慣，重新規劃餐盤、杯子的擺放次序。此外，原先毫無作用的
白色置物架，也因為空間的重整，被賦予新的使用價值。

▲ 將相同大小形狀的空瓶或空罐放
在一起，即可輕鬆營造整齊感。

▲ 原本認為收納空間不足的櫃子，經重整後，反而出現更
多空間。因此，只要妥善整理，家中的收納空間絕對是
足夠的。

▲ 將原本無處可放的平底鍋立起，放在瓦斯爐左下方的收納櫃中。

▲ 將下廚時使用的各式調味料與廚具，放在瓦斯爐附近，使用時將更方便。

◀ 利用收納盒將湯勺、飯勺、攪蛋器、夾子等分隔整理，集中收納在烤箱下方的空間。

▼ 招待客人用的餐具和大型密封容器等，因較笨重，故收在櫥櫃的最底層。

▲ 水槽底下的櫥櫃，僅收納鍋子、盤子、多功能器皿、砂鍋等常用料理工具，以方便拿取。

房間的收納原則
衣櫃是重點，只留下會穿的衣服

各位是否都有以下經驗呢？

就算櫃中的衣物早已多到塞不下，

但每當出門時，我們還是覺得沒衣服可穿；

或是明明是穿不下的衣服，

仍抱持著「總會變瘦，先別丟」的心態。

事實上，這些都是造成衣櫃雜亂不堪的主因。

因此，本章將介紹最有效的衣櫃收納術，

我保證，這絕對是你最後一次整理衣櫃。

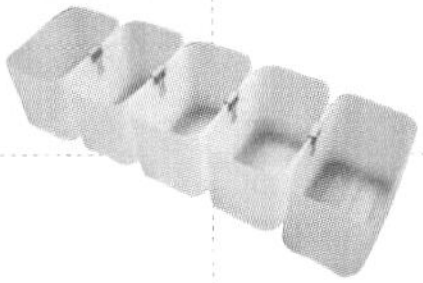

① 丟、分、收！
衣櫃收納好輕鬆

衣櫃收納的第一步，即重新規劃衣櫃空間，區分為「摺疊區」和「吊掛區」。因若想單以摺疊收納，創造乾淨整齊的摺面，只有服飾店店員才辦得到，十分困難。因此，我的建議是，只要依平時的摺衣方式再搭配收納隔板，妥善分類，就能輕鬆維持衣櫃的整齊。

1
丟掉？送人？
先決定衣服的去留

2
只留下1/4
的衣服

3
先分類，再思考擺放方式

4
使用相同
形狀、
顏色的衣架

📚 1 丟掉？送人？先決定衣服的去留

如同毫無顧忌的大吃大喝，造成身材走樣；一旦沒有節制購物欲，拚命買衣服，就會造成「衣櫃的肥胖」，凌亂不堪，想找衣服時也不容易。因此，為了衣櫃的健康和生活的方便，讓我們也試著為衣櫃減肥吧！

衣櫃瘦身的第一步，就是「丟衣服」。千萬不要猶豫煩惱：「這件衣服也是花錢買的，只要減肥成功，就能再穿上它。」因為在你猶豫不決的當下，或是不知道何時才會減肥成功的時日，這件衣服早已經退流行了。

若覺得丟掉太浪費，不妨趁衣服狀態還不錯時，送給需要的人。**其實，衣服就跟人一樣，也會逐漸老化，一直躺在衣櫃中的衣服，最終也只會默默老去。**因此，不論是丟掉或送人，都是讓衣櫃減肥的好方法之一。

 收納TIP

這樣丟衣，再也不心痛

整理衣櫃如同減肥，若一次用力過度，會造成反效果。尤其當一次丟很多衣服時，容易因「浪費」的罪惡感而感到自責，之後反而更不想面對「整理衣櫃」這件事。

因此由衷的建議，每天整理一點、丟一些，勝過一口氣丟完，效率更好。

▲ 將衣櫃中鮮少穿的衣服拿出來吧！一年內未曾穿過的衣服，請大膽丟掉或送人。

 2 只留下1/4的衣服

許多人對於「衣物」有極大的欲望，即使衣櫃已爆滿，仍繼續採購，並抱怨「沒衣服穿」。事實上，據調查大部分人常穿的衣服，只佔其擁有衣物的20%而已。換言之，剩下的80%，都是很少穿的衣服；也因為少穿，所以將它們塞進衣櫃中，久而久之，就會忘了它們的存在，成為衣櫃雜亂的主因。

事實上，就像我們無法抗拒美食，進而暴飲暴食，造成消化不良；衣櫃也如同人體，若未妥善整理，**就會導致通風不易，使衣服難以呼吸，加速衣物的受損和老化**。因此請遵守80：20的的丟衣法則，果斷地減少衣服。只要先從很少穿的衣服開始，每天丟一點，就能找回失去的衣櫃空間。

 收納TIP

丟不丟？花5秒思考

減少衣服，是整理衣櫃的不二法門。因此，請將櫃中的衣服拿出，仔細思考，若一件衣服讓你思考超過5秒以上，就表示它是你「真的會穿的衣服」。

利用5秒思考，勇敢地決定送人或丟棄，就可避免丟衣服時的猶豫不決，提升整理收納時的效率。

case 衣服只會塞衣櫃，不懂得分類收納

After

Before

▲ 「衣櫃」說是主婦們公認最棘手、最難整理的地方。除了永無止盡的購物欲，換季時的衣物交替，更是麻煩。如何因應季節變化，規劃衣櫃的擺設，也是衣櫃收納的重點。

　　左方小圖是友人未整理前的衣櫃，因為空間不足，所以搭配收納籃使用。但是，原本衣櫃中的可運用空間就已不足，若再貿然使用收納籃，只會更雜亂。因此，必須先清除不屬於衣櫃的物品，例如，多餘的紙箱和教材等。

　　而上方的大圖就是衣櫃經妥善分類後，所展現的新面貌。首先，清除雜物和少穿的衣服，以找回衣櫃可運用的空間後，再依當季和非當季衣物分類。例如，將當季衣物以吊掛的方式收納，方便拿取、收放；非當季的衣物則以摺疊的方式，擺放在收納籃中；或依上半身和下半身的衣服分類：上半身衣物摺疊收納、下半身衣物吊掛整齊。只要善用吊掛和摺疊，並勇於丟棄少穿的衣服，整理衣櫃將不再是場惡夢。

不論收納場所為何，「妥善分類」都是不變的法則，衣櫃的整理亦是如此。開始前，應該先依上衣或下身、當季或非當季、衣物材質等條件，確實分類。再依此標準，安排擺放位置，評估是否使用吊衣桿？增加收納箱？適合摺疊或吊掛？只要先在心中規劃衣櫃的收納藍圖，便能有助於整理，事半功倍。

1 增加掛桿

大部分的家庭都習慣遵照衣櫃原貌，進行收納。但衣櫃原先的配置設計，不見得符合實際需求。例如，若將衣物全部塞進一格格的層板中，不僅凌亂，亦不容易尋找衣物（見下方左圖）。因此，不妨重新規劃空間，將中間的兩層隔板拿掉，改用掛桿（見下方中圖）。其餘的隔板，再依可輕鬆取出收納籃的高度，進行調整。此外，摺好的衣服以直式排放在收納籃中，只要拉出，就能快速辨識衣物的花色與樣式，避免雜亂。

 收納TIP

依衣物的材質，選擇收納方式

以衣架吊掛材質較滑的衣物，不僅能減少摺衣服的時間，更有助於維持衣櫃的整齊。此外，請依衣服的厚度、長度等，決定衣櫃的層板高度，必須在衣服可輕鬆取出，且上方吊掛的衣服不會被擠壓的條件下，固定層板位置。

▲ 多數家庭習慣直接使用衣櫃原先的配置，而非依實際所需，靈活使用。

▲ 請大膽地改變原先設計，依自身實際需求，靈活運用掛桿和收納籃。

▲ 重新分配層板，從兩格增加至三格，可充分活用零碎空間。

利用螺絲釘，調整層板的高度

　　大部分的衣櫃，其內部的層板分配大都已固定。不過，我們也能利用「六角螺絲釘」，依照實際用途，重新安排層板的高低位置。

　　「六角螺絲釘」能輕鬆安裝在衣櫃內，並固定層板，可至五金行、大賣場等購買。此外亦可以使用長度較短，但螺絲頭較大的一般螺絲釘，也相當實用。

六角螺絲釘

▲ 重新調整、規劃層板的位置，讓衣物好收好拿。

▲ 將衣櫃的零碎空間最小化，充分利用各處。

2 直立式收納

　　各位是如何將衣服收納在衣櫃的層板上呢？是否為橫躺式的水平重疊呢？（見下方左圖）橫躺式收納的最大問題，即想拿取最下層或最裡面的衣服時，容易將整疊衣服弄亂。因此，若想長久維持衣物的整齊狀態，請務必採用「直立式摺疊收納」。

　　所謂的直立式，就是將摺疊好的衣服，直立擺放在收納籃中，需要時再將收納籃拉出；改用此方式便能輕鬆取出衣物，也不容易弄亂，一舉兩得。

▲ 若使用橫躺式的水平重疊收納，欲取出下層衣物時，容易將整疊衣物弄亂。

▲ 利用收納籃，採用直立摺疊收納，易於維持衣服的整齊狀態。

3 抽屜式收納

一般衣櫃的深度大約50〜55公分，為了日常的方便取用，我們習慣利用層板分隔空間，並將物品直接擺在層板上。但是，若想拿取後方的物品，必須先將前方的物品取出，相當不便。

因此，不妨利用長型收納籃，將物品整齊放在籃中，再擺入層板空間內；使用時，只需將收納籃如抽屜般拉出即可。若收納籃長度不足，也可以將兩個相同大小的收納籃綁在一起使用，也是不錯的變通方法。

▲ 依照收納籃和欲收納物品的大小，重新調整衣櫃中的層板距離與高度。

▲ 可將兩個相同大小的收納籃綁在一起，使用時只需拉出，就能輕鬆拿取深處的物品。

▲ 使用收納籃時，請依使用頻率，將常用物品放於前方，方便拿取。

收納TIP

利用束帶固定，省錢又牢固

可使用束帶，將兩個相同大小的收納籃綁在一起，擴充空間，穩固且不易鬆脫。其價格便宜，五金行或生活雜貨店皆可購得。

只要準備兩個相同大小的收納籃，將束帶從收納籃的洞口穿過再固定綁好，多餘的部分則用剪刀或鉗子剪掉，便成為長型收納籃，非常方便。

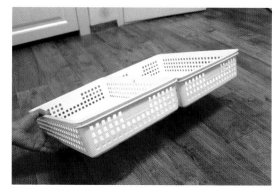

▲ 只要連接兩個相同大小的收納籃，就能變成長型收納籃使用。

 收納TIP

加裝隱形活動層板，拿取更方便

當收納籃中已擺放物品時，要一次將整排收納籃拉出並不容易，可能因失去重心而掉落。因此建議在收納籃下方增加厚紙板，並黏貼與層板色系相仿的紙張，同時在厚紙板前端做一個把手，自製隱形活動層板。多了一層紙板後，就能輕鬆拉出一整排收納籃，不須擔心其因重量而滑落，快速取出後方的物品。

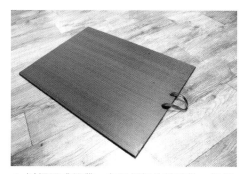

▲ 以繩子或緞帶，在厚紙板的前端做一個把手，就能當作隱形活動隔板使用，方便拉取，相當方便。

▲ 厚紙板可承接物品的重量，因此即使將收納盒完全拉出，也不用擔心掉落。

4 使用相同形狀、顏色的衣架

看似簡單的衣架，其實使用上也有大學問。因為統一選用相同的衣架所營造的視覺印象，是整齊收納的關鍵。試想，一般連鎖服飾店中，是否皆使用相同的衣架呢？除了一致且方便外，也能使衣服看起來更有價值。

同理可證，家中的衣櫃若能使用大小和形狀一致的衣架，就能營造兩倍以上的整理效果。此外，也可以利用衣架顏色或西裝套，當作吊掛式收納的區分界線，以便快速分辨，選取衣物。

▲ 比較一般衣架和專用褲架，即便是相同長度的褲子，其所佔用的空間明顯不同，後者較節省空間。

▲ 使用不同形狀的衣架，即使吊掛整齊，仍十分凌亂。

▲ 統一衣架的形式與顏色，可提升衣服的整齊度和價值。

▲ 褲子統一使用專用褲架；裙子則使用附夾子的裙架，即能輕鬆營造視覺一致感。

可用西裝套袋當作衣物的分隔線

▲ 可利用西裝套當作分界線，例如，先生和妻子的衣服、襯衫和T恤等，以利快速辨識拿取。

活用衣架，分類不同季節的衣物

▲ 若將褲子掛在一般
衣架，褲管容易碰
到下方的收納籃。

▲ 統一褲子的對摺長度，
下方就可擺放收納籃，
充分利用零碎空間。

1 請選用適合衣服的衣架

雖然使用扁衣架可節省衣櫃的空間，不過，吊掛襯衫、西裝或套裝等肩部必須撐起的衣服時，扁衣架易導致衣服變形。

因此，請務必衡量衣物的剪裁，選擇適合的衣架。而吊掛長褲時，也請統一對摺長度，並盡可能使用專用褲架，會更整齊。

2 請將衣服朝同一個方向吊掛

讓衣櫃更整齊的最快速方法：將所有衣服朝同一個方向吊掛，如將衣服的正面統一朝右或朝左；尤其是襯衫等較薄的衣服，只要統一吊掛方向，便能營造整齊感。另外，當衣櫃中使用太多寬衣架，卻沒有統一吊掛方向時，不僅佔空間，找衣服也會相當費時費力。

3 請勿將衣架獨留於衣櫃中

打開衣櫃時，是否常看到許多空衣架呢？那是因為我們習慣直接將衣服從衣架上取下的原因。也正因此習慣，導致空衣架佔滿衣櫃，空間不足。因此，拿衣服時，請連同衣架一併取出。此外，取出衣架時，應從衣服底部取出，避免衣服的的領口變鬆，減損衣物壽命。

▲ 使用寬衣架時，請
務必將衣物朝同一
個方向吊掛，節省
空間。

▲ 即使是顏色相似的襯衫，也可
以朝相同方向吊掛。不僅能輕
鬆製造整齊感，也方便尋找。

▲ 若直接將衣服從衣架拉
下，將導致領口變大和
變鬆，使衣服變形，不
利衣物保存。

4 請按照衣物的長度，依序吊掛

　　如果未按照衣物的長度吊掛，不僅會造成視覺的凌亂，也會縮減收納空間。因此，只要將長版衣物掛在一起、短的衣物掛在一起，其下方就會出現許多額外的收納空間，可用來放置包包或收納籃。

▲ 未依照衣物長度吊掛，便無法善用衣櫃下方的空間。

▲ 若能確實依照衣物長度，分類吊掛，下方就會出現許多額外的收納空間。

▲ 只要使用矽膠材質的防滑圈，即使是布料柔軟的衣物，也不容易從衣架上滑落。

▲ 將防滑圈分別套在衣架左右兩端，便可避免衣物滑落。

收納TIP

善用吊掛與摺疊

　　若是習慣將衣服摺疊收納的人，不妨從現在起活用摺疊與吊掛。吊掛完後下方剩餘的空間，便可增添收納盒，進行摺疊收納。不僅空間分配一目了然，更可以輕鬆維持衣櫃的整齊度。

5 善用防滑圈，
　　防止衣物滑落

　　絲質襯衫、雪紡紗、針織衫等質料柔滑的衣服，或領口寬大的T恤，吊掛在衣架上時，非常容易滑落。這時不妨在衣架兩端套上防滑圈，便能有效防止衣服滑落，保持吊掛的整齊。防滑圈可至大賣場或生活雜貨店購買。

如何自製「衣物防塵套」？

不須另行購買，只要利用生活中的物品，就能簡單自製衣物防塵套。一起試試吧！

1 包袱巾

　　若各位擔心特殊季節性的衣物，因長時間置放於衣櫃中生灰塵，不妨善加利用逢年過節時用來包裝禮盒的包袱巾，其面積大，能有效保護衣物，避免沾染灰塵。

2 舊衣物

　　面對不亦保存衣物，如皮衣或大衣等，可利用舊衣物，例如短袖襯衫等覆蓋其上，即可避免衣物沾染灰塵，同時得以讓衣物呼吸，避免發霉，使其保存在最佳狀態。

3 重疊吊掛

　　假如真的沒有能多餘可使用的衣物防塵套，亦能將衣服重疊吊掛。如將西裝外套和大衣掛在同一個衣架上，如此就可將較易沾染灰塵的西裝，保存得宜，還可節省衣架的使用空間，一舉兩得。

4 西裝袋

　　由於西裝套套本身就是用來包覆衣物，因此大小與一般衣物亦十分吻合，經常購買西裝者，不妨多利用此方法。

　　首先，將西裝套袋剪成適合的長度，再用打火機稍微燒一下拉鍊處，避免脫線；最後把上方的提把剪掉即完成。有時統一衣物防塵套的顏色與大小，也可以增強收納的整潔感，其道理與前篇所述的衣架相似。

收納TIP

讓衣物透氣，避免發霉

　　每次送洗衣物回來時，我們習慣將塑膠套保留，直接掛回衣櫃。但我建議將塑膠套取下，再放回衣櫃中。

　　因為若套著塑膠套，送洗時熨衣的水蒸氣將無法確實蒸發，以致乾洗劑殘留，進而滲入纖維內，使衣服變色或發霉；再者塑膠套彼此碰觸時所產生的靜電，反而更容易生灰塵。

　　因此建議衣物送回時，將塑膠套取下，並置於通風處1~2天，再放回衣櫃中或套上自製防塵套。

▲ 若將乾洗後所附贈的塑膠套，直接放進衣櫃中，可能導致衣服發霉、變色。

衣服採直立收納，省空間又好找

除了材質柔軟、滑順的布料，必須使用橫躺式摺疊收納外，其餘不論是擺放在置物架或抽屜的衣物，我都強烈建議採用「直立式收納」。原因為何？讓我們看看下方的比較說明吧！

1 橫躺式收納

各位是否習慣將摺好的衣服，以水平疊放的方式，一整疊放至抽屜，對吧？但你可曾想過，若將衣服全部疊在一起，便無法一眼看出抽屜中有哪些衣服；或想要找一件衣服時，必須拿出整疊衣服，弄得亂七八糟。

如此，辛苦整理的衣服又亂了，必須重新來過，相當費時又費力。

▲ 使用橫躺式收納，完全看不到第一件之後的衣服，找衣服時需翻來翻去，易弄亂又不便。

2 直立式收納

其實，想解決橫躺式收納容易弄亂的情形，不在於摺疊的方式，而是收納擺放的方向。同樣的摺法，只要將衣服改成直立式站立並排，就沒問題。各位只要按照平日的摺衣習慣，再將摺疊好的衣服，像排放書籍般，排排立起，不僅能一眼掌握衣服的花色，快速找到衣服；取出其他衣服時，也不容易將整排衣服弄亂。

此外，直立式收納的優點，是可清楚分類。例如，可明確地將衣服分成上衣、褲子、內褲、背心等位置，一目了然。如果各位希望整理衣櫃時更有效率，或希望長久維持衣櫃的整齊，請務必使用直立式收納，效果顯而易見。

◀ 採用直立式收納，可輕鬆辨別衣服的花色和樣式，幫助快速找到想穿的衣服。

3 「擺放的方向」也是關鍵

採用直立式收納時，衣服的擺放方向很重要。

請先看右圖❶，若以橫向擺放，必須將抽屜完全拉出，才能看到最後一排的衣服；此外，後排的衣服也容易因為疊放的空隙，導致抽屜卡住；但若採用右圖❷的縱向擺放，即使沒有完全打開抽屜，也能輕鬆找衣服。

然而，橫向擺放也有一些缺點，包括：若衣服沒有塞滿整個抽屜，直立的衣服會倒下，此時只要使用 L 型書架，固定整疊衣服即可。簡而言之，將衣服當作書籍整理，會更輕鬆方便。

收納 TIP

L 型書架可防止衣服倒塌

只要加用 L 型書架，即使衣服數量少，也能將衣服收納整齊。此外，L 型書架也能用於廚房、冰箱、衣櫃等各式空間，是相當實用的收納小物，請善加利用。

如何快速將衣物放入收納箱？

若將摺疊好的衣服立起，直接放進收納箱中，容易倒塌。此時，可先將收納箱直立，將其當作衣櫃的隔間，再將衣服依序平放進去，並盡可能將收納箱塞滿或採用 L 型書架固定，接著再將收納箱擺正即可。如此，就能快速地將衣服整齊放入收納箱中，非常方便。

2 衣物快速收！
各式摺衣技巧大公開

許多人常抱怨自己不會摺衣服，導致衣櫃永遠無法維持整潔。然而，我認為衣服摺得美醜固然有加分作用，但若是一直執著於「要將衣服摺得很漂亮」，可能只會消磨各位想整理衣櫃的決心。因此，我鼓勵各位採用直立收納法，並搭配隔板使用，會比一直鑽研摺衣技巧實際。下列我將介紹快速摺衣術，只要將衣服摺成「四方形」即可，保證各位一學就會。

1 長袖上衣

T-shirt

輔助工具
報紙

報紙的油墨具有除蟲及防潮功能，收納時亦能發揮支撐作用，防止衣服倒塌。此外，若將包有報紙的過季衣服重新拿出，也可避免衣服沾染衣櫃中的特殊氣味。

1 將衣服的背面朝上攤平，再將報紙鋪在肩線中間。
TIP 請先將報紙摺成符合實際收納空間的大小。

2 依報紙大小，將袖子連同部分衣身往內摺對齊。

3 再將袖子對齊衣身側線，垂直往下摺。

4 另一邊的袖子，也以相同方式往內摺好對齊。

5 將衣服的下擺往上摺，對齊報紙的上緣，即完成。

TIP 只要沿著報紙的大小對摺，即使不同的衣服，其最終摺疊好的寬度和長度也會呈現一致。

6 若是材質偏軟的衣物，建議採用橫躺式收納，並記得將正面朝上。

TIP 服飾店多是以此方式摺衣，方便客人一眼看清楚衣服的花色。

7 若要收進抽屜，建議再對摺一半，採用直立式收納較方便。

 收納TIP

收納過季衣物時，摺成相同大小最方便

上述的摺衣術是使用與衣櫃收納空間相同大小的報紙，因此能輕鬆摺出大小一致的衣服。然而，若每件衣服都採用此方法，只會使摺衣服成為壓力來源。因此，建議各位只有在收納過季衣物時，採用此方法，平日只需將衣服盡可能摺成四方形，方便立起即可。

2 高領上衣

輔助工具
報紙

其摺法大致與長袖上衣相同，差別僅在於必須先將高領的地方往下摺，再接續完成後面的步驟。

1 將衣服的背面朝上攤平，
再將報紙鋪在肩線中間。

TIP▶ 請先將報紙摺成符合
實際收納空間的大小。

2 先將高領的部份往下摺，
貼齊報紙上緣。（這是摺
高領上領的重點技巧。）

3 請依報紙大小，將袖子連
同部分衣身往內摺對齊。

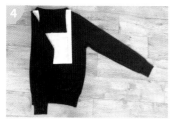

4 再將袖子對齊衣身側線，
垂直往下摺。

5 另一邊的袖子，也以相同
方式往內摺疊對齊。

6 將衣服的下擺往上摺，對
齊報紙的上緣，即完成。

TIP▶ 只要沿著報紙的大小
對摺，即使不同的衣服，
其最終摺疊好的寬度和長
度都會一樣。

8 若要收進抽屜中，請再對
摺一次，並採用直立式收
納，即可輕鬆擺放整齊。

7 收納時衣服正面朝
上。若是材質偏軟
的衣服，建議採用
橫躺式收納。

 收納TIP ···

POLO衫

原則上其方法與上述的方式相似。不過POLO衫的摺法會依穿著頻率，略有不同。

▲ 平日隨時都會穿的摺法。

▲ 非當季穿著時的收納摺法。

▲ 若將POLO衫的領子長久
攤平收納，其摺線就會較
不明顯，導致衣服變形。

TIP▶ 此外，一般的男士襯衫，只要將領子立起，並扣上領口的鈕釦，領子正下方就會
因為鈕扣的重量而不易起皺，易於維持襯衫的狀態。

···

3 針織外套

輔助工具
一般衣架

一般我們習慣直接掛在衣架上，但卻因為其材質較軟，容易滑落或導致變形；此外，針織外套具有一定的厚度，若全部摺疊堆起，又太占空間。事實上，只要稍微改變吊掛方式，用衣架也能輕鬆收納整齊。

1 先將針織外套往內對摺，再將衣架放在腋下呈正V字型處。

2 將衣身往下摺，披在衣架上。

3 將袖子也往下摺，披在衣架上即可。

4 此種摺法不僅可防止衣物滑落，也能避免針織外套的肩線變形。

輔助工具
乙字型褲架

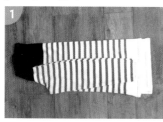  

1 請依照平日的摺衣方法，將針織外套對摺。

2 將對摺好的針織外套，直接掛在褲架上，即可收進衣櫃內。

3 無論選擇哪種衣架，只要是自己最方便上手的，即最好的方法。

4 帽T

hood t-shirt

輔助工具
報紙

只要利用報紙,就能將帽T的帽子摺疊整齊,相當方便。

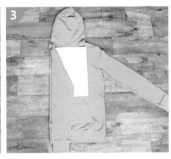

1 將帽T的背面朝上攤平,再將報紙鋪在肩線中間。

TIP▶ 請先將報紙摺成符合實際收納空間的大小。

2 依報紙大小,將袖子連同部分衣身往內摺對齊。

3 再將袖子對齊衣身側線,垂直往下摺。

4 另一邊的袖子,也以相同方式,往內摺疊對齊。

5 將帽子順著衣服的脖圍剪裁線往下摺,對齊摺好。

TIP▶ 此步驟是關鍵,若能將帽子完全攤平,可摺得更整齊。

6 將衣服的下擺往上摺,對齊報紙的上緣。只要沿著報紙的大小對摺,即使不同的衣服,其最終摺疊好的寬度和長度都會一致。

6　若是材質偏軟的帽T，建議採用橫躺式收納，並記得將正面朝上。

7　若要收進抽屜，建議再對摺一半，並採用直立式收納，較方便辨識花色。

旅行時，行李箱中的帽T如何收納？

　　帽T穿脫方便又保暖，是外出旅遊時的必備單品之一。然而帽T的帽子卻容易在行李箱滾動時掉出，現在就與各位分享收納帽T於行李箱中絕對不會亂的摺法。

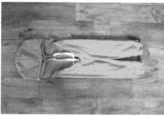

1　將帽T正面朝上攤平，再將袖子往內摺至與帽子的寬度一樣，再將帽T的下擺往上摺。

2　接著，將帽T的下擺連摺兩次，塞進帽子裡，將帽T收成一個小包狀。如此就算帽T在行李箱內滾動，也不易亂掉。

5 褲子

褲子的摺法有許多種,而我最推薦的是將褲子的口袋摺於外側,如此,即便是顏色相近的牛仔褲,也可透過口袋樣式,輕鬆辨識褲款。

1 將褲子向內對摺,口袋一側朝外。

2 將突出的褲襠部份,塞進褲子裡。

> **TIP▶** 這是將褲子摺成整齊四方形的的訣竅之一。

3 將褲子摺成一個長方形。

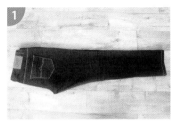

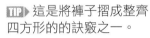

4 分成兩等分,對摺一次。

5 再從膝蓋的位置,往內摺至三分之一的位置。

6 再從褲頭的位置,往內摺一次即完成。

請將褲子的口袋，朝外收納

當摺好褲子時，請務必以「口袋朝上、摺口朝下」的方式收納。如此，除了能從褲子的口袋設計區分褲款外，也可以避免摺好的褲子鬆開。此外，將褲檔塞進褲子的雙腿間，不僅節省空間，更能營造視覺上的整齊感。

旅行時，行李箱中的褲子如何收納？

為了防止褲子在行李箱滾動時散開，我建議採用另一種摺法，即是將對摺後的褲子，從膝蓋的位置再次對摺塞進褲檔中，讓它被包覆起來。如此，不論行李箱如何滾動，褲子都不會散開。

1 完成前頁褲子摺法的步驟❹後，先將褲頭的部份往內摺約三分之一。

2 再將膝蓋的部份往內摺，塞進褲頭的地方。

3 將褲子的前後完全包覆在一起，放進行李箱時，便能有效防止散開。

6 居家睡褲

一般而言，居家睡褲為了舒適度，其褲管較大，不容易摺疊整齊；也因此其摺法和外出褲略為不同。

1 先將睡褲對摺，再依照圖中紅色虛線處，將多餘布料往內摺。

2 以腰線和褲管底部的上端為頂點（此處約為褲檔位置）往內摺，將睡褲摺成一長方形。

TIP ▶ 確實將睡褲摺成工整的長方形，非常重要。

4 也可將睡褲分成三等分，再左右各往內摺。

5 採用三等分的摺法，就能輕鬆將睡褲摺成工整的長方形。

6 此為一般摺法。比較後可發現，使用一般摺法不僅不美觀，也較佔空間。

7 四角內褲

四角內褲的摺法，可依照實際收納空間，分為三等分或四等分摺法。
但無論使用何種，都請記得務必將摺好的部分塞進鬆緊帶中，避免散開。

1 將四角褲左右對摺一次。
2 再對摺一次，將四角褲摺成長方形。
3 將腰間部份往內摺至約四分之一的位置。
4 再將另一側也往內摺至四分之一的位置。
5 再次對摺，將下半部塞進鬆緊帶裡。
6 完成！輕鬆摺成一個工整的四方形。

收納TIP

更省時的四角內褲摺法

除了將四角內褲塞進鬆緊帶裡的摺法，也有可利用隔板並依照原形狀的摺法。後者適合平日忙碌，較無時間做家事者，可大幅縮減摺衣時間。

▲ 比較兩種摺法：藍色是塞進鬆緊帶的摺法；灰色則是依照原形狀的摺法。

▲ 此兩種皆能摺出整齊的四角形，可依個人喜好選擇。若採用原形狀的摺法，需配合隔板使用，整齊度較佳。

8 三角內褲

briefs

其方法與四角內褲的摺法相似,不過與男性內褲相比,女性內褲的材質多半較柔滑,因此建議選擇塞進鬆緊帶內的方式,收納更方便。

1 臀部背面朝上。

2 將左右兩側往內摺至約三分之一的位置。

3 左右摺好後,三角內褲會成一長方形。

4 將鬆緊帶的地方往下摺至約三分之一。

5 再將下方往上摺,塞進鬆緊帶內。

6 完成!輕鬆摺成一個工整的四方形。

收納TIP

將摺線藏起,美觀又整齊

除了用心摺衣外,收納方式也是關鍵之一。建議採用「看不到摺線」的收納,也就是將內褲的的花色朝外,將摺線朝下藏好,視覺上會更加整齊美觀。

9 長襪

socks

下列要介紹既快速又方便的長襪摺法。請一起動手試試吧！

1 將長襪的左右腳攤平，重疊對齊。

2 將襪子對摺一半。

3 將靠近腳跟的位置，往內摺至約三分之一的位置。

TIP▶ 將長襪摺成四方形，是摺疊整齊的關鍵。

 收納TIP

請勿將襪子「反摺收納」

　　一般多喜歡將襪子包覆在鬆緊帶內收納，如此兩隻襪子就不易分離。不過，此一作法容易使鬆緊帶鬆脫，導致襪子變形。因此，切勿將襪子反摺收納，以免損耗襪子的壽命。

4 將襪子翻面，就可以發現此時的襪子已呈長方形。

5 再將襪頭往內摺即完成。

6 將摺好的襪子放進附隔板的收納盒中，就可輕鬆排列整齊。

TIP▶ 摺法雖簡單，但若想維持整齊的收納狀態，請務必使用附隔板的收納盒。

10 船型襪

孩子們最喜歡的船型襪，多有可愛的卡通圖案。若將船型襪以一般襪子摺法收納，將難以尋找。因此，下列將介紹可輕鬆使圖案外露的摺法。

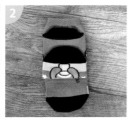

1 襪底朝上，將兩隻船型襪重疊對齊。

2 將上方的腳尖往上摺至約三分之一處。

3 將下方的鬆緊帶處，往下摺三分之一。

4 將下方的腳尖往上摺，塞進鬆緊帶裡。

5 完成！摺好的船型襪呈工整的長方形。

6 翻面即可清楚看見圖案，輕鬆辨識。

收納TIP

依實際收納空間，選擇適合的摺法

就算是同一雙襪子，也可以依照收納空間，選用二分或三分摺法。不過，我大多選擇二分摺法搭配隔板收納。不僅活用度和整齊度較高，也可縮減摺襪時間，特別適合忙碌的職業主婦，快速方便。

船型襪的二分摺法

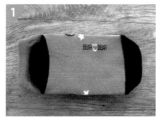

即使採用二分摺法，也可以輕鬆將襪子圖案露出來，只要將腳背朝外，再往內對摺一次即可。此種摺法雖快速，但必須搭配附隔板的收納盒，才能有效維持整齊。

11 長絲襪

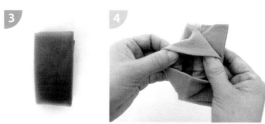

長絲襪的材質薄且軟，一般多使用打繩結的方式收納；但是這並非理想的方法，不但不整齊，也容易使襪子變形損壞。事實上，長絲襪也能摺成四方形收納，現在就跟著我一起學習吧！

1 將兩隻長絲襪重疊對齊，對摺一次。
2 再對摺一次。
3 再對摺最後一次。
4 將摺好的長絲襪，從鬆緊帶的地方反摺包覆，即完成。
5 不同於一般長襪，長絲襪材質薄、彈性佳，即使反摺也不易變形損壞。
6 再將摺好的絲襪放入收納盒中，就能輕鬆維持整齊。

 收納TIP

維持整齊的關鍵是「收納」

事實上，影響「衣物保持整齊」的關鍵並非摺衣術，而是收納術。因此，請跳脫非得使用某種摺法的迷思，選用適合自己方的方法即可。至於最佳的收納術，以襪子和內褲為例，建議採用歸納法，同時以直立式擺放收納，整齊排列於有隔板的抽屜中。

12 褲襪&內搭褲

有別於一般絲質褲襪，冬天時穿的保暖褲襪、棉質內搭褲等，因摺疊後會增加厚度，增添收納整齊的困難度。事實上，只要採用基本的簡易摺法，並依據材質的厚薄增減重複摺疊的次數，依舊能輕鬆收納整齊。

1 將褲襪的兩腳重疊對齊。

2 依照實際長度，分成二等或三等分，對摺一次。

3 再對摺一次。

 收納TIP ....

依厚度選擇不同摺法
請依據褲襪的實際厚度和收納空間，選用二分或三分摺法，摺成不同等分。

4 將鬆緊帶的地方往內摺至約三分之一的位置。

5 再將其餘部分塞到鬆緊帶內即完成。

TIP▶ 此摺法同樣適用於內褲或船型襪。

適用於長度短、材質較厚的二分摺法

1 將褲襪攤平在地上，再將兩腳重疊對齊。

2 先對摺一次。

3 再將鬆緊帶的地方，往內摺至約三分之一的位置。

4 再將剩餘的部分塞進鬆緊帶內，即完成。

適用於長度長、材質較薄的三分摺法

1 將褲襪兩腳重疊並攤平，再從腳掌的位置，往內對摺至約三分之一處。

2 繼續對摺，使之呈現工整的長方形。

3 分成三等分後，再將鬆緊帶的地方，往內摺至三分之一處。

4 再將剩餘部分塞進鬆緊帶內，即完成。

13 內衣

將內衣的罩杯形狀維持在最佳狀態,是收納內衣時的重點。為了不讓內衣的罩杯變形,收納時只需將肩帶收起即可,罩杯處無需摺疊。

1 將內衣的外側朝下攤平。

2 將肩帶往下摺,沿著內衣邊緣對齊。

3 將背帶扣環往罩杯的方向內摺一次。

4 另一邊也以相同方式,將肩帶和背帶扣環往罩杯的方向內摺。

5 最後將肩帶、背帶扣環收進罩杯內。

6 轉向正面,即完成。

收納TIP

收納和洗滌內衣的方法

　　收納內衣時，維持罩杯的形狀非常重要。若為節省收納空間而將內衣對摺或反摺罩杯，將造成罩杯變形損壞。此外，內衣的洗滌方式也會影響罩杯的形狀，建議手洗較佳。

　　方法很簡單，清洗後以按壓的方式將水擠出，再用褲夾將兩邊的罩杯固定，並調整好罩杯的形狀，使其自然晾乾。此外，使用的清潔劑也需特別注意，若使用柔軟劑清洗，會導致肩帶的彈性變差，需特別留意。只要多注意一些小細節，就能防止罩杯變形或肩帶變鬆，延長其可穿著的時間。

摺衣服的訣竅是「先摺成四方形」

　　各位是否有發現，上述各式摺衣技巧的整齊關鍵，即先將衣服摺成「四方形」。也就是説，只要將衣物摺成四方形，再依據收納空間，重複對摺數次即可。如此，即便是不易收納的兒童洋裝或A字裙也可摺得工整，讓摺衣服成為一件輕鬆愉快的事。

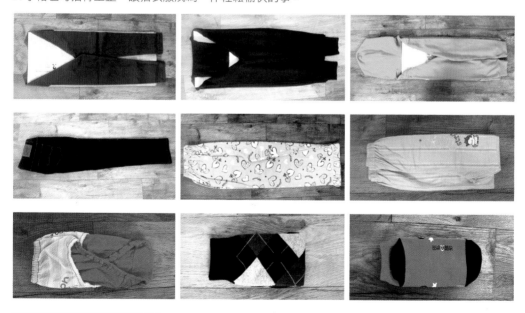

14 羽絨外套

輔助工具
報紙

若將羽絨外套長時間掛在衣架上，羽絨會因為地心引力不斷往下沉並結塊，一旦羽絨結塊，保暖效果就會大打折扣。因此，羽絨外套最好以摺疊的方式收納，才能延長其穿著壽命。

可拆式連帽羽絨外套

1 將報紙放在外套內，可防蟲、防潮，亦可當作摺疊時的基準線。

2 將拉鍊拉起，不僅較好摺，也方便收納。

3 將帽子拆下，放在外套的中間，有助維持帽子的形狀，摺疊時也會更容易。

4 為了避免口袋形狀變形，建議正面朝上，再對齊衣服的邊線，將左右袖子水平地往內摺。

5 依羽絨外套的實際長度，選擇二分或三分摺法。

6 雖然壓縮羽絨外套可減少體積，節省收納空間，但若隔年仍想穿蓬鬆的羽絨外套，請不要壓縮它，自然擺入收納即可。

連帽羽絨外套

1 正面朝上，再將左右袖子水平地往內摺。

2 再將帽子往下摺。

3 依羽絨外套的實際長度，選擇二分或三分摺法。

收納TIP

羽絨外套切勿真空壓縮

　　因為羽絨外套蓬鬆、體積大，通常會先捲起，再以繩子或收納帶固定。但此方法容易傷害衣服的表層，甚至褪色。

　　有些人甚至會選擇以真空壓縮收納，不過，此作法會使羽絨外套變形，甚至難以恢復原狀，影響保暖度。

4 如果體積較小，可直接放在紙袋內收納。

5 最後蓋上報紙，可有效防塵、防蟲和防潮。

> 將衣物摺成四角形，輕鬆收納不費力！

③ 活用紙盒、掛勾，配件收納好簡單

各位的衣櫃裡除了衣服外，是否還有包包、領帶、絲巾、皮帶等各式五花八門的配件呢？然而，每樣配件的大小不一，要保持整齊的收納狀態，確實不易。尤其像耳環、戒指、項鍊等體積較小的配件，常常一回家就隨意亂丟，等到下次需要時，才發現不見了；或趕著出門時，常因找不到相配的領帶而生氣。因此，本篇將介紹「好收好拿」的配件收納術，整理更輕鬆。

1 領帶 necktie

各位是如何整理領帶呢？是如同服飾店般，一條條捲起嗎？然而這種收納法雖整齊卻相當占空間，且不易辨識領帶的花色。因此不妨將兩段式掛桿或單支毛巾掛桿，黏貼固定在衣櫃的門板內側或外側，再將領帶一條條掛在上面。但使用掛桿收納領帶有個小缺點，即是容易滑落，此時，只要善用下方的收納小物，就可輕鬆解決問題，一起來看吧！

1 固定夾

市售的男用襯衫或休閒襯衫的包裝內，大都有4～6個塑膠固定夾，以確保衣物在搬運過程中的整齊。只要收集這些固定夾，就可用來固定領帶，環保又方便。

塑膠固定夾

▲ 未使用固定夾前，領帶相互重疊，不容易辨識花色且容易滑落。

▲ 使用固定夾後，可以確實將每條領帶的花色露出，排列整齊。

固定夾請夾在靠近領帶頸部的位置

　　雖說固定夾方便實用，但也請務必夾在「正確」的位置。使用固定夾時，難免會使領帶表面產生壓痕；因此，請夾在領帶上方，靠近頸部的位置，如此一來，即使有壓痕，穿戴時亦不容易被發現。

2 鬆緊帶

　　除了固定夾，也可以利用鬆緊帶固定領帶。方法很簡單，直接將鬆緊帶套進領帶內，或在衣櫃門板上黏上兩個掛勾，再將鬆緊帶的左右兩端開一個小洞，套在掛鈎上，就能將領帶固定整齊。若鬆緊帶變鬆了，只要將鬆緊帶再剪短些，重新開洞，便能重覆利用，省錢又不浪費。

同時使用固定夾和鬆緊帶

　　也可以同時使用固定夾和鬆緊帶，分別固定於領帶的上方和下方，可讓領帶維持的更整齊。

▲ 分別將兩個掛勾黏衣櫃門板兩側，再將鬆緊帶開個小洞掛在掛鈎上，就可輕鬆固定領帶。

▲ 單獨使用鬆緊帶固定。

2 皮包

不論採用何種收納方式,維持皮包的飽滿形狀,皆是收納皮包時的重點。如此一來,不論皮包放在櫃中多久,看起來都會如同全新般,完美漂亮。

1 塞報紙

塞報紙是維持皮包形狀的最佳方法之一。只要將報紙揉成一團後,放進包包內,就能輕鬆重塑皮包的形狀,但請記得不要塞太滿,以免變形。此外,報紙亦具有防蟲和防潮的功效。

▲ 先將多張報紙揉成一團。

▲ 請將報紙揉成與皮包相符的大小,方便日後的拿取。

▲ 塞滿報紙的皮包雖有些佔空間,卻能維護皮包的外觀,延長使用壽命。

2 塞泡綿

運送貨品時內含的防撞泡綿,也是幫助維持皮包形狀的好幫手。平日不妨收集包裝貨品的泡綿,以備不時之需。

▲ 將泡綿剪成適合皮包大小的形狀。

▲ 將剪好的泡綿,對摺放進皮包內即可。

3 收進防塵袋中

　　將特殊場合時才會使用或季節性的皮包，放入購買時的外包裝袋內，也是保護皮包好方法，可避免刮傷或沾染灰塵。因此，不論是購買皮包時的防塵帶或外包裝帶，都請先保留，不要急著丟掉。

▲ 使用購買時的防塵袋，保存皮包。

▲ 再放進包裝盒或紙袋內，並於最外面貼上標籤名稱。

4 最後放進衣櫃

　　也可以利用衣櫃的縫隙收納皮包。只要加裝隱藏式活動隔板，就能輕鬆拿取皮包，方便實用。自製活動隔板時，建議使用與衣櫃層板相似顏色的厚紙板，視覺上較美觀。

▲ 使用活動隔板，方便拿取衣櫃深處的皮包。

▲ 用緞帶自製把手，可讓活動隔板更易被拉出，提高使用性。

收納TIP

請先分類，再收進衣櫃中

　　如果衣櫃中的衣服多採用吊掛式收納，其下方便會空出許多空間，建議可依不同高度，分別放置不同大小的皮包。只要妥善利用衣櫃的零碎空間，就能輕鬆收納皮包，不再困擾。

3 絲巾

　　柔軟的絲巾或華麗的披肩等衣物配件，可依不同場合的搭配使用，展現更多樣的時尚品味。為此，下列將介紹多功能的絲巾收納術。

1 將絲巾保存於紙盒內

　　在已經摺疊端正整齊的絲巾裡，放入有硬度的紙張，這是收納絲巾時的重點技巧。夾進絲巾裡的硬紙可避免讓絲巾軟趴趴，有助維持平整形狀。接著，再將多了支撐力的絲巾放進紙盒裡，就能輕鬆收納整齊。

▲ 在摺疊好的絲巾裡，夾入硬紙張。

▲ 紙張會充當支撐架的角色，維持絲巾的平整度。

2 利用乙字型褲架吊掛絲巾

　　如果難以將絲巾摺整齊，也可選擇直接掛在褲架上。若你經常使用絲巾，不妨使用此方法，可讓絲巾既不容易起皺也方便整理，就算是不擅長收納的人，亦能輕鬆做到。

▲ 選擇乙字型褲架，吊掛絲巾更方便。

 收納TIP

使用餅乾盒收納絲巾

　　若你的絲巾較多，建議可將數個扁平的紙盒黏在一起，再將摺好的絲巾分別放入各個收納格中，以方便日後直接挑選使用。

4 耳環

體積小且成對的耳環，其收納方式想必讓許多人感到頭疼。其實，只要善用下方介紹的收納物品，就能簡單又快速地妥善保存耳環。

1 方格網：適用於掛式耳環

由於我的女兒非常喜歡買耳環，為了讓她方便收納，我在她的衣櫃門的內側掛上方格網。如此一來，耳環就猶如展示牆般一目瞭然，既方便尋找也無須擔心遺失。

回到家時，只要順手將成對的耳環摘下，掛在方格網的格子中即可。此外，因為掛在衣櫃門板內側，只要關上衣櫃門就如同放進抽屜般，完美隱藏，亦不用擔心飾品長時間被燈光曝曬，造成褪色。

▲ 將耳環成對掛入每一格上即可，簡單方便。

2 壓克力板：適用於針式耳環

至於針式耳環，收納時只要連同所附的耳環卡，直接掛到方格網上即可，方便又簡單。

▲ 只要將使用過的針式耳環，確實插回耳環卡，再掛回方格網上，就無須擔心遺失。

5 項鍊

項鍊可說是最難整理的配件之一，若沒有妥善收納，就會宛如電線般全部糾結成一團，配戴時還得打開死結，相當不便。現在，一起來學習絕不打結的項鍊收納術吧！

1 先放入夾鍊袋，再放進抽屜

建議先準備數個可重複使用的透明夾鍊袋，將每一條項鍊各別放入，需要時直接取出即可。使用透明夾鍊袋可清楚辨識內容物，亦能整齊地收納於抽屜內，袋袋分明，不用擔心雜亂。

▲ 將項鍊的扣環露出，卡在夾鍊袋的夾口處，就不易打結，方便日後佩戴。

▲ 一個夾鍊袋收藏保存一條項鍊，可清楚辨識樣式，且不佔空間。

2 先放入夾鍊袋，再掛在方格網上

如果想將全部的飾品集中收納於方格網上，也可在夾鍊袋上打一個小洞，直接掛在方格網上即可。由於夾鍊袋能防止空氣進入，即使掛在方格網上，也無須擔心項鍊因長期接觸空氣，而導致氧化變色，可充分妥善保存。

▲ 用美工刀在夾鍊袋上戳小洞，就能掛在方格網上。

▲ 裝進拉鍊袋中，不僅能收納整齊，又能防止空氣所造成的氧化褪色。

6 髮飾

hair ribbon

家中若有年幼的女兒，想必會有許多可愛繽紛的髮帶、髮夾和髮箍吧！這些髮飾若沒有善加整理，很容易遺失或糾纏在一起。事實上，只要利用下列物品，就能快速整理。

1 舊皮包的背帶

淘汰舊背包時，不妨將背帶剪下，即能成為收納髮飾的好幫手。首先，準備一條背帶、一個掛鑰匙的開口圈和數個鈕扣。接著將背帶穿過鑰匙圈對摺，並在對摺後的背帶上，依所需間隔，依序縫上鈕釦，就能將髮束放在間隔中，整齊地掛在方格網上。

▲ 背帶穿入鑰匙圈後對摺。　　▲ 以適當間隔，縫上鈕釦。　　▲ 將髮束掛在兩個鈕釦間。

2 背包附的長吊帶

基本上，背包上所附的長吊帶，通常已附有吊環，因此不需另行製作，只需縫上數個鈕扣，作為吊掛髮束的間隔即可。也可以直接將髮夾夾在長吊帶上，亦十分方便。

7 戒指

ring

　　通常買戒指時，都已附有包裝盒可收藏，只是尺寸較大，有些占空間。建議可自製戒指收納盒，將數個戒指收在一起。首先，請準備一個大小適中的紙盒和一塊泡綿。將泡綿裁剪成紙盒的大小，接著在上方切數條直線開口（如下圖左）即可。只要將戒指整齊地塞入，就能輕鬆收納，亦可重複使用，環保又省錢。

▲ 在泡綿上切割數條直線開口。　　　　▲ 一個開口約可收納二至三枚戒指。

收納 TIP

利用衣架和製冰盒，收納髮飾

　　若沒有方格網，也可以將吊帶直接掛在衣架上，再縫製間隔收納。若不想以吊掛方式收納，也可將髮飾放在長條形的製冰盒中，依序排列整齊，亦是相當方便的收納方法。

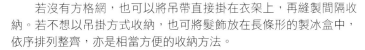

8 皮帶 *belt*

　　一般我們習慣將皮帶捲起收納，以節省空間。不過皮製品捲起後，容易使表層產生裂痕、變形。因此，建議利用下方的物品，以吊掛的方式收納，以免縮短皮帶的使用壽命。

1 掛在方格網上

　　可在收納耳環的同一個方格網最下方，掛上一排「方格網專用掛鉤」，再將腰帶依序掛上即可；若皮帶本身沒有扣環，則可利用長尾夾夾住皮帶尾端，直接掛上亦可。

TIP 可至服飾店材料店或 39 元雜貨店，購買方格網專用掛鉤。

2 掛在多功能吊桿上

　　一般用於廚房或浴室的多功能吊桿，也可收納皮帶。
只要將其黏於衣櫃門板內側，再將皮帶掛上吊桿即可。

TIP 只要多花一點心思，就能巧妙地將用於浴室的吊桿，活用於配件的收納。

9 其他飾品

前文介紹的方格網，除了可收納耳環和皮帶，亦能應用於其他的飾品收納。本篇將介紹方格網的變化應用，豐富各位的收納生活。

1 鴨舌帽

將帽子用褲夾夾起後（一個褲夾可夾兩頂帽子），先掛在前文所介紹的背帶扣環上，再掛上方格網即可。

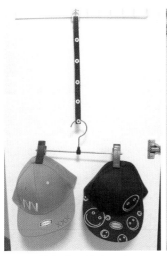

TIP▶方格網的用途十分多元，可將重量較輕的配件，集中掛於此，統一收納更方便。

收納TIP

鴨舌帽請摺疊收納，節省空間

只要將鴨舌帽後半往內凹摺，再將數個鴨舌帽重疊，就可收進抽屜中，節省空間。

2 收納其他用品

方格網也能用來收納手錶、手環、腰帶等各式配件。只要將所有配件掛在方格網專用掛鉤上即可,集中管理,就是相當整齊方便的收納法。

利用瓦楞紙,收納小黑夾

綁頭髮時常用的小黑夾,可說是最容易遺失的物品。事實上,只要將小黑夾直接夾在瓦楞紙上,就能避免遺失。

衣櫃門板,可掛飾品

女兒的衣櫃門板上,可說是我的配件收納秀。一打開衣櫃的門,猶如百貨公司的展示牆,所有物品整齊清楚,一目了然,馬上就能找到想要配戴的飾品,歸位時也相當方便。

另外,將原本習慣放在化妝台抽屜裡的飾品,改掛在衣櫃門上,反而使抽屜多出許多收納空間。只要懂得善用零碎的空間,一定能創造意想不到的收納空間。

④ 棉被真難收？
先摺再放，換季不費力

過去人們多打地鋪睡，因此幾乎每個家庭都有一個專門收納棉被和床墊的大櫃子。雖然，現代人多睡在床上，棉被與床墊的數量也不如以往多。不過，若有客人留宿時，櫃中的棉被就能派上用場。基本上，將棉被整理得宜，或許也是一種表示禮貌與歡迎的待客之道。因此，只要掌握分類與摺疊技巧，就能輕鬆整理棉被櫃。

1 摺棉被的小技巧

bedclothes

摺棉被的方式會依櫃子和棉被的尺寸，而有所區別，可粗分為三分摺法和四分摺法。一般而言，兩者可以混用。例如，先將體積較大的棉被以三分摺法摺好，放入櫃中；剩餘的零星空間再放入數個以四分摺法摺好、體積較小的棉被，便能充分利用棉被櫃的所有空間。

1 將棉被橫向攤平於地上，將上方往下摺至約三分之一的位置。

2 再將下方棉被也往上摺，對齊重疊，使棉被呈一長條狀。

3 將棉被的左右各往內摺至中線位置，並預留空間。

TIP▶ 摺疊時需預留棉被的厚度空間，才能確實將棉被摺成工整的四方狀。

如何收納枕頭？

　　由於寢具用品大都較蓬鬆且體積大，而市售的專門收納櫃，其隔板空間也都較大。這時不妨自行增加隔板，方便拿取整理。此外，建議採用直立式收納枕頭，可防止因體積過大滑落，輕鬆維持整齊感。

4 再對摺起即可。

5 從側面看，可清楚看出棉被整齊地摺成四等分。

TIP 因棉被的體積較大且蓬鬆，想快速從櫃中取出較不易。因此，建議將過季棉被和客人專用棉被，放在衣櫃的上層；每天都需使用的棉被，則放在下層，依使用目的分門別類，更易於拿取使用。

2 棉被摺口請朝外

　　先前我們提到，將棉被摺口朝內收納，視覺上較整齊。不過，棉被經重複摺疊後，體積龐大，摺口朝內反而更容易滑落，因此，收納時請將棉被的摺口朝外擺放。

▲ 若將棉被的摺口朝內，重疊處易順向滑落，往前傾倒。

▲ 摺口朝外的擺放，視覺上雖較凌亂，卻可讓棉被櫃更易於維持整齊。

棉被只會亂塞，櫃子再大也沒用

After

Before

　　某天我前往友人家作客，對方跟我抱怨收納棉被的櫃子雖然很大，卻總是覺得很亂，請我幫忙他處理。當我打開收納櫃時，發現空間並未妥善利用，以至於無法收納整齊。

　　不僅棉被沒有摺好，搖搖欲墜；也沒有另行加裝隔板，以致隔板空間過大未能充分利用。因此，我重新指導她收納棉被的方式及摺法。沒想到，除了收納櫃變整齊外，更多出可利用的新空間，令友人十分開心。

Part **3**

廚房的收納原則
依使用習慣，決定物品的位置

過去，廚房總被認是專屬於媽媽的空間，
而現在，廚房的設計與功能，
已逐漸轉為一家人的共同空間。
無論是料理時、餐桌上，
「廚房」成為家人生活的核心。
因此，只要掌握廚房的整理原則，
就能凝聚家人情感，製造幸福的空間。
一起來看看，掌握幸福的收納妙招吧！

1 依生活習慣，打造方便實用的廚房

整理廚房的兩大重點：整齊收納和使用方便。特別是後者，將直接影響料理時間與上菜速度，決定一家人的用餐時間。因此，請特別留意廚房系統的動線，是否符合實際需求；至於收納方式，我建議兼採「開放式」和「隱藏式」收納。只要掌握以上兩原則，就能輕鬆打造專屬個人風格的實用廚房。

1 兼容開放與隱藏的收納

　　廚房的收納法，大致分為「開放式」與「隱藏式」。所謂的「開放式收納」，就是將物品放在外層，可一眼看清楚收納位置的地方。雖然方便取用，但每樣物品的花色與樣式不同，在視覺上稍嫌凌亂。至於隱藏式收納，就是將物品放在收納櫃或水槽櫃等「看不到」的地方。雖然可能會有「忘記物品放在哪裡」的風險，但卻能營造視覺上的寬敞與整潔。

▲ 將每天都會使用的微波爐和電子鍋，採開放式收納較方便。

▲ 若不常使用微波爐，也可採用隱藏式收納，將其與碗盤收於櫥櫃中。

2 規劃方便使用的廚房動線

　　廚房除了是製作料理的地方,更是保存及清洗食物、碗筷,甚至是用餐的複合式場所。為了使我們在進行各項活動時,能更順暢方便,請務必妥善規劃廚房的動線,讓廚房成為使用效率高的空間。

　　一般而言,廚房的動線大致為【冰箱】→【水槽】→【流理台】→【瓦斯爐】→【餐桌】,只要依此動線整理廚房,需要使用某項物品時,一伸手就能立刻取得,大幅縮減時間和體力的消耗。當然,每個人的使用習慣不同,不一定非得參考以上的動線安排,只要能讓各位感到愉快、方便、省力,就是最佳的廚房動線。

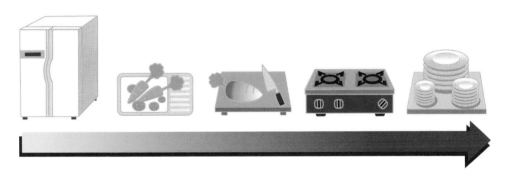

❶將食材從冰箱中取出 ▶ ❷在水槽將食材清洗乾淨 ▶ ❸在流理台上處理食材 ▶ ❹在瓦斯爐上烹煮。原則上,只要按照上述料理順序,規劃廚房的動線,不僅可提高做事效率,也能讓廚房易於長久維持乾淨整齊。

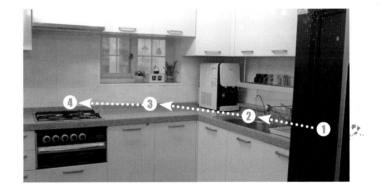

EPISODE　**空間再小,也得規劃動線**

或許有些人會覺得「廚房的空間又不大,真得有必要規劃得這麼仔細嗎?」之前,我曾參加KBS的節目〈餘裕滿滿〉,拍攝關於廚房動線規畫的主題。節目分別拍攝兩個廚房,一個有妥善規劃動線,另一個則隨意安排。結果,後者的料理時間比前者多出兩倍,耗費許多體力。由此可見,即使是狹小的空間,妥善規劃動線仍有其必要性。

2 小空間大利用！流理台的收納技巧

流理台是廚房的主體，又可細分為水槽、廚櫃、吊櫥、瓦斯爐和料理台等。其收納重點，即是將物品放在適當的櫥櫃中，活用零碎空間，減少每次拿取時的移動範圍，以節省時間與體力。以下將詳細介紹各空間的收納重點，請務必學習活用。

1 水槽＆廚櫃

水槽的功用在於清洗食材和刷洗碗筷、鍋具。因此，建議將與「水」有關的物品，例如鍋子、瀝水籃、篩網、碗、菜刀、剪刀等，放在水槽下方的收納櫃或附近，較方便。此外，由於水槽連接排水管，濕氣重，請不要將電器用品收納於此，以免損壞。

▲ 若將鍋子全部疊在一起，需要使用最下方的鍋子時，必須一併將其他鍋子取出，相當不便。

1 各式鍋具

水槽下的櫃子，適合擺放鍋具、瀝水籃、篩網等物品，但礙於排水管在中間，一般多習慣將鍋具重疊收納（圖❶）。但如此擺放，每當要拿最下面的鍋子時，就必須先將整疊鍋子取出，十分不便。

因此，不妨加裝「雙層可收縮置物架」（圖❷），其材質可防潮防鏽，也可自由移動面板的位置，可避開排水管，亦能配合水槽櫃的長度自由調整。如此，就能將各式鍋具獨立擺放，無需重疊，使用更方便。

▲ 配合水槽櫃尺寸加裝置物架，輕鬆收納鍋具。

2 各式刀具

菜刀、水果刀、削皮器和剪刀等各式刀具，是廚房經常使用的物品，因此我們習慣將它們放在水槽旁的置物架。不過，刀具屬於危險物品，建議收在眼睛看不到的隱藏空間，較安全。

▲ 在水槽櫃的內側門板加裝收納盒，可將菜刀、剪刀、削皮器等，安全地收納與此。

▲ 也可將寶特瓶或優酪乳罐的下方挖洞，貼在水槽櫃的內側門板上，收納各式刀具。

3 菜瓜布

用來清洗鍋碗瓢盆的菜瓜布總是濕答答的，非常容易成為細菌繁殖的溫床，因此我建議將它放在通風處自動瀝乾。

只要將衣架剪成適當長度，做成掛架，掛在水槽旁的瀝水架上使用即可。

收納TIP ···

依照使用頻率分類，亦可重疊收納

若收納空間真的不足，亦可將使用頻率相同的物品相互重疊置放，方便日後拿取。

▲ 將衣架彎曲或修剪成可吊掛的形狀，掛在碗盤瀝水架上，就能方便地瀝乾菜瓜布。

4 飲水機的擺放位置

　　雖然不是每個家庭都有飲水機，但若家中有飲水機，請盡量放在水槽旁。因為一天要喝水數次，為了方便喝完後清洗，或倒掉剩餘的水，將飲水機放在水槽旁，便能快速完成上述動作。此外，建議將水杯也收納於旁，方便直接飲用，無須到處找杯子。

▲ 將飲水機放在水槽旁，同時水杯也置於一旁，方便隨時飲用。

5 善用廚櫃下方的空間

　　附加在水槽櫃或其他廚櫃下方的踢腳板抽屜，也是很好的收納空間，可用來收納不需每天使用的物品，例如：使用頻率較低的鍋子、碗盤等。

▲ 大部份的踢腳板都是長型的木板狀抽屜，適合收納偶爾才會使用到的物品。

 收納TIP

　　可先在最下方抽屜的縫隙處掛上S型掛鉤，方便拉出踢腳板。

▶ 拉住S型掛鉤，即可輕鬆打開抽屜。

6 活用水槽櫃的門板內側

　　一般家庭都習慣將抹布摺疊整齊，放在水槽附近或抽屜。其實只要將毛巾架直立，黏在水槽櫃的門板內，再將摺好的抹布放入。每次使用時，從最下面抽取，上方的抹布便會自動落下。只要充分活用零碎空間，就能打造絕佳的收納環境。

▲ 將兩個毛巾架直立，固定在門板內側。

▲ 將抹布摺好放進毛巾架，提升零碎空間的使用率。

7 其他廚具

同樣為了方便使用，建議將湯勺、飯勺、鍋鏟等其他廚具，放在水槽櫃或櫥櫃裡，並掛在門板內側，就能打造乾淨整齊的空間。不過，開關門時容易發出廚具與門板敲擊的聲音。因此，可將氣泡紙貼在門板上，避免發出聲響，或防止因反覆敲擊，所產生的刮痕。

▲ 在門板內側貼上氣泡紙，開關門時就不會發出聲音。

2 吊櫥

吊廚又可稱為吊櫃，一般位於水槽櫃和櫥櫃的正上方。建議可將飯碗、湯碗、菜盤等，使用頻率較高的餐具收納於此。因為這些都屬於必須經常洗滌的物品，在水槽清洗完畢、瀝乾後，就可以直接往上收；或是使用前，需要再稍微清洗時，亦能直接拿取。

「盒」與「蓋」分開收納，節省空間

　　密封盒的蓋子，該如何收納呢？大多數人應該都是直接蓋回去收納吧！雖然這個方法並沒有什麼不好，不過每次使用時，蓋子需反覆開關，容易磨損其使用壽命；亦或是玻璃材質的密封盒，相互重疊容易滑落、破碎等。因此，我建議不妨將「盒」與「蓋」分開收納。準備一個三格書架，將蓋子整齊地直立放入，再將盒子重疊置於一旁，就不用擔心其可能滑落破碎，也能大幅減少收納空間，一舉兩得。

▲ 將使用頻率高的碗盤放在吊櫥裡，再區分為「每天使用」和「經常使用」，依序放在吊櫥的上下層。

▲ 以最短的移動距離，妥善規劃平底鍋、廚具、調味料等位
置，收納於瓦斯爐台附近。

▲ 採用隱藏式收納法，將瓦斯
爐台及其周圍，整理乾淨。

 3 瓦斯爐台

　　瓦斯爐台是料理烹煮的主要空間，必須將烹煮時會
使用的物品，例如：平底鍋、廚具、各式調味料等，及
可常溫保存的食品收納於此，調整移動路線，使料理更
方便。

▲ 將各式調味料隨意地擺放在
瓦斯爐台下方，是一般家庭
常見的收納法。

1 各式調味料

　　調味料是烹煮時，需經
常使用的物品，建議將其放
於瓦斯爐旁附近的下層櫥櫃
裡。有些系統櫥櫃會加裝
「滑動式收納櫃」，我認為
此種類似抽屜的收納櫃，特
別適合用來收納罐裝調味
料；若家中沒有安裝，也可
利用收納籃，自製簡易的滑
動式收納櫃。

至於粉狀調味料，同樣建議採用直立式收納保存。此外，使用原包裝袋收納，會比重新倒在罐子裡保存，更節省空間。若擔心已開封的調味料會潮濕腐壞，只要善加利用「密封條」，就可有效阻隔濕氣。

▲ 可使用於各式包裝大小的密封條，是收納已開封調味料的好幫手，請多加利用。

▲ 加裝一個分隔架，在下方自製一個滑動式收納櫃，進行上下兩段的分類收納。

 收納TIP

用「橡皮筋」製作分隔板

　　實際收納後，是否想重新規劃隔板的位置，卻不知道該如何製作呢？接下來，我將與各位分享「收納隔板」的製作方式。

▲ 準備數個襯衫包裝內的「固定夾」，或包裝襪子的掛鉤、開口圈等物品。

▲ 將橡皮筋的一端穿到固定夾上，再將橡皮筋的另一端套入收納籃的洞口裡。

▲ 再穿進收納盒的另一邊的洞口裡，以相同方法將橡皮筋穿進固定夾內。

▲ 完成，可依物品大小，自由安排隔板的空間。

▲ 將橡皮筋套在固定夾上，就能在收納籃中做出適當的隔板空間，防止物品傾倒。

2 平底鍋

平底鍋或是有把手的鍋子，因為有「把手」，若採用水平重疊的收納，並不方便。此時可利用文件架，自製平底鍋整理架，並將整理架置放於瓦斯爐台下方的櫥櫃中，就能大幅縮減拿取時間，亦能節省收納空間。

收納TIP

利用文件架收納平底鍋

先將數個大小相同的文件架黏在一起，再用較厚的硬紙板或紙箱，將其裁剪成與文件架底部大小相同的長條狀，鋪在底部即完成。因為採直立式收納，鍋具即使清洗乾淨，難免會有些許殘留的油垢和汙漬會順流而下，此時只要鋪一張厚紙於底部，就能吸附油垢。

此外，只要定期更換底部厚紙，就可有效維持整理架的整潔。

▲ 利用文件架收納平底鍋，可有效利用櫥櫃的空間。

3 抽油煙機旁的吊櫥

抽油煙機旁的吊櫥也是相當不錯的收納空間，可用來收納保鮮袋或菜瓜布等物品。除此之外，我也會在吊櫥門板上加裝紙盒，收納輕巧物品，例如：棒狀調味料或高湯包。

此外，也可在瓦斯爐旁的壁面上，以衣架自製吊掛架，放置廚房紙巾，充分活用零碎空間。

▲ 在吊櫥門板的內側加裝紙盒，可收納各式輕巧物品。

▲ 將廚房紙巾放在瓦斯爐旁的壁面上，方便隨時用來擦拭鍋子的油漬，加快清理速度。

4 櫥櫃抽屜的收納

　　瓦斯爐旁的櫥櫃，通常以抽屜式居多。建議可分層分類收納，例如第一層放湯匙、筷子、叉子等餐具；第二層的抽屜高度較低，可收納體積小的物品，如料理食物時所需要的小工具。

　　而最下層的抽屜通常高度較高，可收納能立起保存的物品。只要分類清楚，不論使用或收納都將更方便。

◀ 第一層抽屜：收納餐具。

◀ 第二層抽屜：收納下廚時會用到的各種小型工具。

◀ 最下層抽屜通常高度較高，可用來收納可立起的物品。

善用隔板，小空間也能大利用

　　只要多加利用收納隔板，將抽屜劃分成數個小空間，就不用擔心開關抽屜時，物品會傾倒亂掉，輕鬆維持其整齊的收納狀態。

5 常溫食品的保存

　　泡麵、罐頭、乾燥海帶等可保存於常溫下的食品，請盡量遠離水槽櫃，放在料理台附近的櫃子。我建議放在瓦斯爐台下的抽屜裡，方便烹煮時使用。

▲ 善用收納隔板並採用直立式收納，方便掌握食品的庫存量。

▲ 將L型書架當作隔板，防止開關時，物品傾倒。

製作抽屜專用的收納盒

　　可將紙盒或塑膠盒剪半，保留底部，自製抽屜收納盒，就能有效將小包裝的物品整齊收納。自製收納盒的重點就是「大小相同」，並用長尾夾固定，防止開關抽屜時，物品傾倒，以利維持整齊。

家事祕技 1　善用小蘇打，清潔廚房

如何清除黏在瓦斯爐上的油垢？

　　瓦斯爐旁總是有從鍋中溢出的湯湯水水痕跡，或是每逢烤魚、煎餅時，所產生的油漬。此時，只要將酒倒進噴霧器裡噴灑，就能輕鬆去除剛生成的油垢；至於長年累積、緊黏在瓦斯爐上的油垢，則必須另外處理。

1 將喝剩的酒裝進噴霧器，再噴在瓦斯爐上。

2 爐上有頑強汙垢時，請同時噴灑酒和小蘇打粉後，再擦拭。

3 以牙刷或刷子沾一些小蘇打粉，刷洗瓦斯爐開關的每個角落。

4 將鍋架、爐體、外殼放進水槽，再加入等比例的小蘇打粉和白醋。

TIP▶ 酸鹼中和的起泡，有助清洗縫隙。

5 倒入熱水浸泡，以便溶解清潔劑和油垢。

TIP▶ 熱水比冷水好刷洗。

6 只要用軟菜瓜布擦拭，就能使瓦斯爐煥然一新。

 清潔TIP

什麼是小蘇打粉？

　　小蘇打粉擁有細小且柔軟的結晶，一碰到水，結晶稜角就會軟化，可清除物品受到汙染的部分，且不會傷害物品表面。由於小蘇打粉屬弱鹼性，能使油垢轉變成水溶性，以抹布即可擦拭清除；若和熱水一起使用，潔淨力更佳。

如何清除抽油煙機中的頑強油垢？

維持廚房的乾淨整潔，除了方便料理、使用舒適外，更重要的是為了健康。根據研究，罹患肺炎的人口中，「家庭主婦」的比例逐年增高。其原因在於料理時，油煙所產生的大量懸浮粒子和微生物，是罹癌的主因。因此，請定期清理濾網上的灰塵和油漬，才能確保健康。清潔方法很簡單，只要利用小蘇打粉和酒精，就可輕鬆去除抽油煙機裡的油垢。

1 這是專門吸附油煙的抽油煙機。將抽油煙機上的濾網拆下，可發現上面吸附了許多陳年油垢。

2 將濾網放進水槽裡，再灑上小蘇打粉和酒精，接著倒入煮沸的滾燙熱水，浸泡約 20～30 分鐘。

TIP▶ 酒精可分解脂肪，是絕佳的天然清潔劑。

3 倒入熱水後馬上用刷子擦拭，就可去除油垢。

TIP▶ 若油垢過於頑強不易清除，建議稍微浸泡一會兒再擦拭，較省力。

4 清洗完畢後，請放在陽光下曝曬晾乾，不僅較容易乾，也能利用太陽的紫外線達到消毒作用。

5 等待濾網曬乾時，請將小蘇打粉和酒精混合成濃稠狀，以準備用來清潔抽油煙機的表面。

6 為了避免抽油煙機的表面出現刮痕，建議用軟菜瓜布擦拭較好。

TIP▶ 也可以用浸泡濾網的水，清理抽油煙機表面。

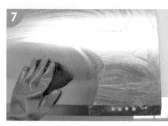

7 使用纖維較細的布,將清潔劑及油垢,擦拭乾淨。

TIP▶ 若油垢頑強,又使用纖維較粗的菜瓜布用力擦拭,將會產生刮痕,導致油漬更容易累積油漬。

8 再用乾淨的溼抹布,將小蘇打粉和酒精的泡沫徹底拭淨,最後以乾抹布擦乾即完成。

TIP▶ 也可直接使用酒精擦拭抽油煙機,更省力。

如何清洗水龍頭?

據說水龍頭裡的汙垢與細菌,比馬桶還多。因此,必須定期清理,以確保衛生。清理方法很簡單,只要以 1:1 的比例,混合白醋和水,並將水龍頭浸泡於其中 30 分鐘,便能徹底清潔乾淨。

1 將水和白醋以1:1比例,混合稀釋於桶內,再將水龍頭浸泡於其中,約30分鐘後,再用刷子清洗。

2 以牙刷沾稀釋液,仔細刷洗水龍頭的縫隙,最後再以清水洗淨。

TIP▶ 若白醋殘留於不鏽鋼的水龍頭上,其酸性成分將導致腐蝕損壞。因此請務必將清潔液沖洗乾淨。

3 可將清洗用的牙刷,吸附於水槽附近保存,以利隨時清潔使用。

如何清理水槽？

水槽因潮濕，容易殘留食物和滋生細菌。不過，只要利用小蘇打粉和白醋，就能徹底清潔。

1 先在菜瓜布上沾取適量小蘇打粉。

2 利用菜瓜布，將濾網的每個洞口刷洗乾淨。

3 較細微的地方可用牙刷清除，就能將水垢和排水口的髒汙清除乾淨。

4 若水垢不易清除，可先在水槽中裝滿溫水，再倒入小蘇打粉和白醋，約30分鐘後再清洗。

5 附著在水槽的水垢，也可用混合小蘇打粉和白醋的清潔液，擦拭乾淨。

6 建議使用纖維細且柔軟的抹布，可一次清除水垢和水氣，比菜瓜布更有效。

TIP▶ 若總是將水槽下的櫥櫃門緊閉，會導致排水管通風不佳，產生異味。因此，建議可在睡前將水槽櫃的門稍微打開些使其通風，防止異味產生。

利用小蘇打粉，
清理水槽不費力。

　　排水口是水槽中，最容易藏汙納垢的地方，必須定期清潔，避免滋生細菌，汙染食物。與水槽的清潔法相似，只要利用小蘇打粉和白醋，就能徹底清洗乾淨。

1 將小蘇打粉倒入排水口。

2 再將白醋倒入已放有小蘇打粉的排水口裡，並讓它順著排水口流出。

TIP 因酸鹼中和的作用，會開始起泡，藉以去除依附在管線上的油垢，同時清除異味和細菌。

3 大約 30 分鐘後，再將熱水倒入排水口裡。

4 再利用排水口專用的清潔刷，清理排水口內側。

5 將排水口專用刷放進排水口裡，以一邊轉一邊刷的方式，徹底清潔。

TIP 排水口專用刷的長度較長，且能順著排水口的管道彎曲，因此能清洗至一般刷子較難碰觸的底部深處，徹底清潔。

6 也可利用小刷子，清理排水口上的其他小洞。

TIP 若忽略這些小洞不清理，食物和水垢也會大量附著於此，產生異味。

如何清洗菜瓜布？

　　菜瓜布若沒有保持乾淨，將成為細菌棲息的溫床。據說沒有清潔乾淨的菜瓜布上，藏有多達 700 萬個以上的細菌。因此，下列將向各位介紹如何清洗菜瓜布。

1 混合白醋及水，並將菜瓜布浸泡於其中。

2 將菜瓜布放到微波爐中，加熱 3～4 分鐘，可抑制細菌滋生。

3 建議將菜瓜布掛在通風處保存；唯有保持菜瓜布乾爽，才能真正抑制細菌。

TIP▶ 可用衣架自製菜瓜布架，吊掛在水槽旁。

4 也可將菜瓜布放在陽光充足處，利用紫外線消毒及晾乾。

🧑 收納TIP ....

排水孔堵住了，怎麼辦？

　　只要將粗鹽倒入排水口，再倒下一大桶煮沸的熱水，即可解決。

▲ 可先用排水口專用刷疏通；若依舊堵塞，再灑些粗鹽於排水口，協助清洗。

▲ 將粗鹽倒入排水口入口處。

▲ 接著，將一大桶熱水往排水口處倒下，再以清潔刷稍微清洗處理，即可暢通。

4 各式碗盤、餐具、杯子的收納原則

擁有乾淨、整齊、舒適的廚房，是家庭主婦們的夢想。若能配合實際使用習慣，重新安排各物品的位置，就是最完美的廚房整理術。因此，當我們完成流理台的主要櫥櫃收納後，可依「用途」和「使用頻率」為原則，重新收納各項物品，打造舒適實用的廚房。

1 杯子：依「用途」分類收納

一般而言，我們都習慣將杯子依高度或形狀，依序收納擺放。不過，這樣的收納方式，將很難取出放在櫃子最後方的杯子。因此，建議採取「分門別類」的方式進行收納，拿取時將更便利。

▲ 依用途分類，採「物以類聚」的直立收納。

▲ 若大杯子放後面，小杯子放前面，將不易拿取甚至可能摔破前方杯子。

▲ 杯盤立起，採用抽屜式收納，方便一次取出使用。

▲ 茶杯也可採用直立式收納，更方便取用或保存。

2 保溫瓶＆水壺：分門別類收納

同理可證，收納保溫瓶等水瓶時，也請先分類再收納。試著回想一下，哪些瓶子是出遠門時使用？哪些是平常上班時使用？只要將用途相近的水瓶放在一起，並採用抽屜式的橫放收納，欲使用時便能立即找出。

▶ 將保溫瓶立起收納，不僅看不到最後方的瓶子，拿取時也相當不便。

▶ 可用Ｌ型書架，防止重疊的牛奶收納盒傾倒。

▶ 剩餘的空間可自行放置收納盒，分類收納。

▶ 將便當盒放入收納盒，並採抽屜式收納，拿取更容易。

▲ 採用抽屜式收納保溫瓶，就再也不用費力尋找最後方的瓶子。

▲ 將盤子重疊，當拿取最下層盤子時，不但麻煩且危險。

▲ 利用書架將盤子直立收納，方便取用。亦可在書架前端加裝緩衝台，盤子將不容易滾落，安全性更高。

3 盤子：
以書架直立收納

　　一般人習慣將盤子依照大小，逐一重疊收納。但如此一來，需要使用最下方的盤子時，必須將整疊盤子拿起，相當不便。因此不妨透過書架，採直立式收納，使用時便可輕鬆取出。另外，建議選用底部有凹槽的書架，防止盤子滾動摔落。

將盤子當作書，直立收納

只要將盤子當作書籍收納，包括文件架、書架、CD 架等，都可成為收納餐盤的好幫手。

▲ 善用各式收納架，將盤子直立收納。

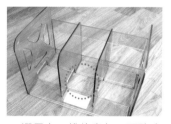

▲ 選用有凹槽的書架，可防止餐盤因滾動而滑落。

▲ 主要餐盤整理完後，剩餘空間可疊放大小相同的餐盤。

4 餐桌旁，增加置物架

或許是因為東西多到沒地方放，即使是餐桌旁，也容易堆放物品，剝奪全家人的用餐空間。事實上，只要善用「移動式滾輪置物架」，用餐時將置物架移往他處，用餐完後再將其歸位，便能有效解決收納空間不足的問題。

Before

▲ 餐桌旁，未經妥善整理的空間，可看見整箱健康食品與沖泡式咖啡等，堆積於側。

After

▲ 善用移動式滾輪置物架，輕鬆整理餐桌旁的空間。

5 增加隔板，
　　活用剩餘空間

　　若家中的杯子，尺寸較小，層板間便會多出剩餘空間，此時可自行加裝隔板，增添新的收納空間。只要栓上大頭螺絲釘，再放上與層板大小一致的木板或壓克力板即可。

▲ 單純收納杯子，其收納櫃的層板上方會剩下許多空間。

▲ 加裝一塊層板，輕鬆創造新的收納空間。

收納TIP

　　只要將大頭螺絲釘栓在四個相對位置，再放上層板即完成，簡單快速。

6 櫥櫃角落也可收納

　　一般而言，水槽櫃上方的櫥櫃，和流理台連接櫥櫃的轉角處，仍有些許狹小的收納空間。雖然空間小，但我建議仍舊可用來收納輕巧，且較不常使用的物品，妥善利用。

▲ 將較不常使用且輕巧的物品收納於此，並黏貼標籤，即便放在高處也能輕鬆辨識。

▲ 採用抽屜式收納，輕鬆將位於內側的物品取出。

▲ 使用文件架將餐盤立起收納，以節省空間。

5 如何活用落地收納櫃？

　　不知道各位家中是否有落地收納櫃呢？這種高大且多層的收納櫃，該如何有效利用呢？

　　我的作法，是採用「聯想法」並依「用途」進行分層收納。例如最上層擺放節慶與祭祀時才會使用到的祭祀器具；中層擺放客人專用的茶杯器皿；下層則是擺放微波爐及每天都會使用的物品。若希望看起來整齊，建議採用「隱藏式收納法」，將微波爐放進收納櫃中，製造清爽的廚房環境。

▲ 將使用頻率較低的微波爐，放入櫃中，隱藏於櫃中。

▲ 只要盡可能將外觀單一化，就可減少櫃子的凌亂感。

▲ 上層收納祭祀器具等使用率較低的物品，可分門別類放進收納盒中保存。

1 最上層收納使用頻率低的物品

　　將使用次數較少的祭祀器具，放在收納櫃的最上層，需要使用時再拿取。

2 客人的茶杯與器皿，收納於中層

　　當客人登門拜訪時，若能在同一個空間內完成燒水，拿取茶杯、茶匙、咖啡或茶包等動作，招待客人時會更省力。於是我便運用聯想法收納，將招待客人時會使用到的物品，全部集中收納於落地收納櫃的中層，省時又方便。

▲ 咖啡壺或器皿收納完後，上方多餘的空間，可自製收納盒擺放即溶咖啡和茶包，節省移動時間與距離。

▲ 層板上方的剩餘空間，可利用衣架和紙箱，自製抽屜式收納盒。

▲ 可在自製抽屜式收納盒中，擺放重量較輕的叉子和茶匙等相關物品。

3 善用收納櫃的門板

　　收納完畢後，廚房中還有許多不知該歸於何處的物品，例如：保鮮袋、衛生手套、鋁箔紙等。事實上，這些都屬於料理時經常會使用的物品，因此，建議將其收納於落地收納櫃的門板內側。利用衣架和收納盒等，就能善加利用剩餘空間，提升使用時的便利性。

▲ 可用衣架自製吊勾架，將保鮮袋、衛生手套和鋁箔紙收納於門板內側。

▲ 將收納盒掛在門板內側，收納抹布、垃圾袋和購物袋等物品。

3 打造無異味，乾淨清爽的冰箱

我們都誤把冰箱當作可長久保存食物的「倉庫」，因此毫無節制地購買，拚命地塞。但冰箱猶如人體，吃太多時會消化不良；塞進過多物品亦將導致冰箱損壞，甚至發出惡臭。因此，為使冰箱確實發揮其保鮮功能，請務必遵守以下10大原則，一起來認識吧！

1 做到 10 件事，冰箱更乾淨

為了提高冰箱的使用效能，以下是我制定的「10大冰箱整理法則」，只要確實掌握整理原則，就能輕鬆打造乾淨整齊、保鮮又省電的冰箱。

❶ **吃多少，買多少**
開源節流，是整理冰箱的第一重點。建議每次只購買全家人足以食用的分量即可；避免囤積；同時也能確保食材的新鮮度。

❷ **冰箱勿塞滿，預留空間**
冰箱之所以能保鮮，在於其內部的冷空氣流通。若將冰箱完全塞滿，冷空氣便無法順利流通，失去保鮮的功效，甚至耗電。

❸ **使用透明容器**
使用透明容器盛裝食材，有助迅速掌握食材的位置，以減少冰箱門開啟的時間，更節能省電。

❹ **採用直立式收納**
蔬果若沒有依照原生方向擺放，易加速腐壞。因此請盡量將其朝原生方向保存。

❺ **寫上購買與開封日期**
一般外包裝的保存期限，是指產品未開封的狀態，一旦開封，產品便會逐漸氧化。因此，請務必同時寫上開封日期，確實掌握食用期限。

❻ **先分裝，再冷凍**
由於反覆的冷凍、解凍，將造成食材的細菌滋生，進而腐壞。因此，建議依單次食用量分裝食材，需要時直接解凍。此外，解凍後的食品，絕對不可再次冷凍。

❼ **分「層」別類**
依用途將食材分層收納，不僅容易找尋，也方便歸位。

❽ **以紙巾包覆蔬菜保存**
可避免蔬菜因冷藏流失水分，導致養分減少或腐敗。

❾ **兼採抽屜式&貼標籤**
將收納盒往前拉出，就能看到最後方的食品，有助減少囤積量。而貼標籤的目的，在於方便找尋，物歸原處。

❿ **定期關閉電源清理**
若冰箱產生細菌，將導致食品腐壞，因此，必須確實維持冰箱的整潔衛生。請養成定期清理冰箱的習慣。

1 吃多少，買多少

整理冰箱的第一步，就是檢查冰箱裡的食品庫存。若發現過期食品，就應該自我檢討，是否購買方法錯誤，造成不必要的浪費。建議各位，不妨於下次採買前，先打開冰箱檢查並詳列購買清單，就可避免重複購買多餘的食材，也能減輕家計負擔。請各位切記，「吃多少，買多少」不僅是收納的原則，更是聰明主婦持家的一大原則。

▲ 從冰箱取出的過期食品。未善加收納且標示不明，根本不清楚內容物為何。

2 冰箱勿塞滿，預留空間

事實上，冰箱之所以能冷藏保鮮，是因為內部的冷空氣流動所致。若冰箱內塞滿食品，將導致冷氣循環不佳，使食品的保鮮度下降，耗損更多電力。原則上，僅使用60~70%的冰箱，其冷氣循環率最佳。因此，吃多少買多少，才能確實減少冰箱囤積食材的可能，並有效降低能源消耗，同時減少被丟棄的廚餘，環保又可避免浪費。

▲ 比起將冰箱塞滿，只使用60~70%的冰箱，其冷空氣循環將更順暢。

收納 TIP

買一送一，真的划算嗎？

人只要聽到「免費」，都會覺得划算，所以經常陷入「買一送一」的圈套，買了一大堆不需要的東西。尤其食物，具有時效性與保鮮期。若買了超量的食物，不僅新鮮度不佳，最終吃不完的食物，也只能走上被丟棄的命運，既浪費食物又浪費金錢。

因此，在購買食材上，切勿抱持著貪小便宜的心態，尤其為了家人的健康著想，更應該謹慎小心。

3 使用透明容器

　　各位是否總是將買回來的食材，未分類就連同外包裝袋一起放進冰箱呢？外層五顏六色的塑膠袋，讓我們無法一眼辨識食材，而無法確認購買內容，進而放到忘記，甚至放到腐壞呢？因此，強烈建議各位，食材買回來的第一步，立刻分裝至透明容器中，才能確實掌握既有食材的庫存量，避免重複購買。

4 採用直立式收納

　　至於各式蔬菜的收納方法，建議採用「順著蔬菜的生長方向」的直立收納。若平放保存，將導致能量耗損，加速食材的老化與營養流失。此外，立起保存，也易於辨識食材位置，減少冰箱門開啟的次數。事實上，冰箱門開過久，將導致內部溫度急遽升高，影響其保鮮效益。

▲ 將食物放進透明容器裡，並貼上標籤，便能輕鬆找尋冰箱裡的食品。

▲ 可將鮮乳瓶剪開後放入冰箱，即能輕鬆立起蔬菜。

5 寫上購買與開封日期

　　養成標註購買日與開封日的習慣，就能提醒自己，是否購買太多或重複購買，確實掌握購買量的準確性。此外，容易大量購買的冷凍食品、豆腐、蔬菜、火腿等食物，更應確實標示開封日期。事實上，紀錄日期也有助於判斷食材的狀態，但請注意食材的保鮮度，也會根據密封狀態的不同而改變。

▲ 標示可使用的期限時，請特別注意，使用期限會依密封狀態的不同而改變。

6 先分裝,再冷凍

需要冷凍保存的食品,建議先依單次使用量分裝,並盡可能攤平收納,以節省空間。由於反覆的冷凍、解凍將造成細菌滋生,但只要確實分好單次使用量,每次取出一份解凍,就能避免此問題發生。此外,若肉類可以放在冷氣傳導迅速的鋁盤上,更能快速冷凍,以鎖住更多營養與美味。

▲ 將肉類攤平分裝保存,並用筷子劃分大小,需要時可直接拿取單份,非常方便。

▲ 依用途進行分層收納,冰箱內部整齊有序,亦可提高使用效益。

7 分「層」別類

請務必規劃冰箱各層的用途別,並確實執行。例如:冷凍庫擺放肉類、魚、乾貨等食品;而冷藏室則分為水果層、蔬菜層和小菜類等,打造每樣食物的「指定位置」。此外,由於相似物品皆位於同一層,因而可縮減找東西的時間,避免冰箱門長期開啟,影響其使用壽命與效能。

8 以紙巾包覆蔬菜保存

因氣溫較低,易使蔬菜的水分快速流失,其所滲出的水分可能導致蔬菜變軟,影響口感,尤其水分較多的小黃瓜或葉菜類軟化速度更快。此時,只要將廚房紙巾包覆在蔬菜外,紙巾便會吸收水分,減緩蔬菜變軟的速度。

▶ 在容器底部鋪上廚房紙巾後,再將小黃瓜或葉菜類等水分較多的蔬菜放入,就能有效減緩蔬菜的軟化速度。

9 兼採抽屜式＆貼標籤

　　雖然採用分層收納，但擺放於最內側的物品仍舊不易拿取辨識。此時，只要先將食材分裝在透明收納盒（袋）中，再採用「抽屜式收納」即可。此外，在抽屜收納盒外貼標籤，可方便物歸原處，確實做好食材的庫存量管理。

▲ 在收納盒外貼標籤，並採用抽屜式收納，可大幅減少不必要的浪費。

▲ 在盒外貼上標籤，方便快速找食材，以減少冰箱門開啟的時間。

▲ 在密封容器外標註名稱，再採用直立式收納，輕鬆確認食品狀態與庫存量。

▲ 標示食材名，清楚明瞭。

10 定期關閉電清理

　　食物的湯汁痕跡、蔬菜所流出的水分、不小心打翻的飲料等，皆是造成冰箱產生異味的原因。這些不慎翻倒的食物，可能成為滋生細菌的溫床，造成冰箱環境的腐壞。因此，建議定期關閉冰箱電源並徹底清理，以確保冰箱的衛生狀態與使用效能。

收納 TIP

超過一天的剩菜，請立刻丟棄
　　我們習慣將吃剩的餐點，放在冰箱保存。建議剩餘餐點不要放超過一天，以免滋生細菌。若超過一天以上的剩菜剩飯，請馬上丟棄，千萬不可再食用。

充滿異味,堆滿過期食物的冰箱

Before

▲ 冰箱塞滿物品,令人喘不過氣。

冰箱好比垃圾場

在正式開始整理前,委託方向我訴苦:「我有試著努力整理,但冰箱裡的東西實在太多了,根本無從下手。」我檢查冰箱後發現,不但有許多過期食品,也有許多相同的食材。

由此可見,委託人沒有確實掌握購買量與庫存量,才會導致冰箱雜亂。因此,整理冰箱的第一步,就是將冰箱裡的食物全部取出,重新分類。

▼ 連底層置物籃也塞滿物品,完全無法取出。

▲ 蔬菜層也塞滿不相關的食品。由於沒有確實分類，以致難以找到想要的食品。

◀ 將前方食物拿出後，又發現後方也堆放許多食物，且幾乎都已過期。

◀ 這些是從冷凍庫拿出的奶油條。兩個已開封，然而未開封的奶油則多達4個。

▲ 由於東西太多太亂，根本不知道哪些食物是可食用的，哪些又是已過期的。

▲ 將雞胸肉裝進塑膠袋，卻沒有標示日期，且密封狀態不理想，導致結了許多冰霜。

▲ 將數條魚放進同一個塑膠袋冷藏，以致無法單獨解凍，只好反覆冷凍、解凍，導致細菌大量繁殖，食物腐壞。

▲ 未清礎標明購買日期與開封日期，根本無從判斷該食材是否仍可食用。

▲ 將物品隨便塞在門邊
彷彿一打開冰箱門，
物品就會全部掉出。

▲ 這些是從冷凍庫拿出的冰品。
據說是被促銷吸引，才會大量
購買、囤積，許多早已過期。

▲ 直接將買來的青蔥與辣椒放
入冷凍庫，要用時才清洗，
會影響其風味。我建議，凡
是要冷凍保存的食材，都應
該事先清洗處理並分裝，解
凍後才能立刻下鍋。

◀ 重新整理後的冰箱，分層別
類，一眼便能輕鬆辨識，快
速拿取食材。

After

定期整理，
只使用70%的空間

　　為了清理亂七八糟的冰
箱，必須強制自己，暫停購
買食材，並確實丟棄保存狀
態不佳或已過期的食品，靜
下心，認真整理冰箱。

　　我運用各式收納用品整
理，並以「只使用70%」的
冰箱收納原則，讓冷空氣能
順暢流通。委託方也確實依
照我教導的方式執行，才得
以將冰箱重整乾淨。

使用頻率低的加工食品放在最高處；經常使用的食品或小菜則放在容易拿取的中層。

因雞蛋容易沾染其他氣味，建議將雞蛋裝進專用容器內保存。此外，相較於收納在溫度變化較大的冰箱門邊，收納於冰箱內的層板，可使雞蛋的保鮮度更好。

這層是目光所及且能輕易拿取的位置，可將經常食用的小菜放於此。

▲ 將泡菜等重量較重的食品放於最底層，方便拿取。

▲ 將蔬菜放在冰箱最下層的方格中。為了保持新鮮度，建議放進塑膠袋中，或以報紙包覆再冷藏。

▲ 為使冷空氣流通順暢，僅使用冰箱約70%的空間，是最理想的狀態。

第四層也是容易拿取的位置，我建議將經常食用的常備菜收納於此；第五層可放罐頭食品或醬菜。

▲ 將已開封的冷凍食品密封，
　就能立起收納，整齊排列。

Point

善用收納籃，
分類保存食物

　　將收納籃採用抽屜式收
納，便能一眼找到最後方的
食品。此外，依種類區分每
個收納籃，再加以整理，並
採用直立式收納，再各別貼
上標籤和日期，清楚明瞭，
可有效管理食品庫存量。

　　而採用此方法收納，當
食品量減少後，便會空出許
多空間，使冷空氣的流通更
順暢。不僅冷藏室，冷凍庫
亦可使用抽屜式收納。

▲ 建議將對溫度變化較不敏感的乾貨，及能在短時間內食用完
　畢的食品，放在冰箱門的側邊收納盒中，方便掌握庫存量與
　食用速度。

▲ 冰箱門邊若有飲料收納處，
　建議單放飲料，避免混雜。

▲ 妥善利用收納籃後，冰箱內變得乾淨又整齊。

129

2 如何規劃、整理冰箱內的冷藏空間？

　　冷藏室是冰箱裡保存最多食品之處，主要用來貯存可短期冷藏的食物，及無需冷凍的食材；然而，同樣食品的保存日期、風味及耗電量，都會因收納於不同位置，而有所差異。以下，就來認識冰箱各層的收納重點。

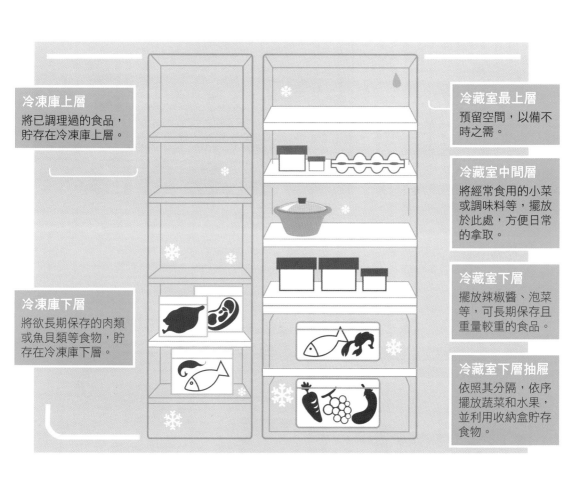

冷凍庫上層
將已調理過的食品，貯存在冷凍庫上層。

冷凍庫下層
將欲長期保存的肉類或魚貝類等食物，貯存在冷凍庫下層。

冷藏室最上層
預留空間，以備不時之需。

冷藏室中間層
將經常食用的小菜或調味料等，擺放於此處，方便日常的拿取。

冷藏室下層
擺放辣椒醬、泡菜等，可長期保存且重量較重的食品。

冷藏室下層抽屜
依照其分隔，依序擺放蔬菜和水果，並利用收納盒貯存食物。

1 冷藏室最上層：自由空間

由於此處的位置較高，不論視線或拿取皆較不便。因此，建議將此處當作能隨時放入與取出食品的自由空間，例如：貯存吃剩的火鍋、擺放無法立即處理的蔬菜，或是必須冷藏保存的禮盒等；同時也可當作冰箱的呼吸空間，讓冷氣循環更順暢。

▲ 建議將冷藏室最上層當作預留的自由空間使用，可以使冰箱的效能發揮地更好。

2 冷藏室中間層：保存常備菜

冷藏室第二層和第三層是合乎視線高度，且伸手便能輕易碰觸的位置，因此我建議用來保存每天或經常吃的小菜及調味料。此外，使用透明容器保存，不需打開蓋子，也能知道內容物，以利快速拿取，縮短冰箱門開啟的時間。

▲ 使用形狀和大小一致的保鮮盒。建議使用小尺寸的容器，比大容器更能有效利用空間，使用效率更好。

3 最下方層板：保存可久放的食品

建議最下層用來貯存辣椒醬、泡菜等，可長時間保存，且體積與重量相對較重的食品。

▲ 可久放的食品，置於冷藏室最下方。

收納TIP

如何收納經常使用的調味料？

常使用的辣椒醬、糖醋醬等調味料，可直接放在收納盒中，使用時直接拉出拿取即可，方便省時。

4 冷藏室最下層抽屜：專放蔬果

　　相較於開放式的層板空間，冷藏室最下方的抽屜能長久維持低溫，適合收納蔬果。蔬果若隨意塞在層板中，不僅溫度不足，也可能在翻找時被壓壞，加速腐壞。因此，強烈建議將蔬果單獨收納於最底層的分隔抽屜裡，直立保存。

▲ 水果和蔬菜未善加分類存放十分凌亂。

▲ 利用塑膠牛奶瓶和購物袋，製作收納隔板。

▲ 使用收納隔板整理蔬果，並直立保存，可延長其保鮮時間。

收納TIP

維持蔬果鮮度的技巧

❶ 將常吃的蔬果，收納在方便拿取的上層處；而體積較大的蔬果則收納在下層抽屜。

❷ 請將蔬菜保存於透明塑膠袋中，方便確認。

❸ 其餘如韭菜等易流失水分、變軟的葉菜，建議用廚房紙巾包覆後保存，可防止水分流失，延長保鮮時間。

▲ 使用廚房紙巾包覆蔬菜時，請露出一部分，方便尋找。

▲ 包覆後，放進透明塑膠袋裡直立保存，延長保鮮度。

5 冷藏室的門板：放置罐頭、飲料

　　此處是溫度變化最大的地方，建議將對溫度較不敏感的食品，例如：即食食品、乳製品、醬料、乾燥食品等收納於此。此外，也要善加分類，如：上方擺醬料、下方放飲料等，以方便日常拿取，輕鬆辨識。

收納TIP

　　有把手大型的牛奶塑膠瓶非常適合當作收納隔板，請善加利用。

▶ 對溫度較不敏感的食品，可收納於冷藏室的門板內側。

▲ 將寶特瓶剪開，再將其黏在門板上，方便收納各式醬料包。

▲ 將醬料顛倒擺放，可使瓶內產生壓力，藉以延長保存時間。

▲ 門板最下層可擺放大罐的調味料或飲料。

如何利用紙袋，製作收納隔板？

除了利用塑膠罐、牛奶紙盒和優酪乳罐製作收納盒，也可以利用較厚的大紙袋，製作抽屜式收納道具。作法如下：

1 先決定收納盒的高度，選擇適合大小的紙袋。

2 將紙袋對摺，再將摺好的紙袋撐開。

3 對齊摺線，將紙袋的上半部往內摺，收進紙袋內。

4 再將紙袋的提繩拆出，即完成。

善用購物紙袋，製作簡易收納隔板！

家事祕技 2　常保新鮮的食材保存法

小菜：請以容器分裝

如果你跟韓國人一樣，吃飯喜歡配大量小菜，我建議不妨將每次需要上桌的小菜，依單次量分裝在小容器裡保存。因為若放在大容器裡，重複的拿取、放回，容易導致小菜的口感變差，滋生細菌。為此，只要分裝在小容器裡，吃完一份後再補充，不僅能確實掌握庫存量，也較衛生。

▲ 將每次的食用量，分裝在小容器裡，方便又衛生。

豆腐：放入容器內再冷藏

豆腐是由黃豆製成，是富含植物性蛋白質的代表食物之一。正因如此，豆腐不易保存；但只要將買回來的豆腐，先浸泡在乾淨的水中，再保存於密封容器內，就能多放 4 ～ 5 天。請記得在密封容器外標註保存期限，以確實掌握時效。

TIP▶ 豆腐因水分多，若放在冰箱深處，直接接觸冷空氣易結凍，因此請收納於層板前側。

▲ 將豆腐放入密封容器後再貯存於冷藏室，可延長保存時間。

黃豆芽：放入裝水的容器中，冷藏保存

如果直接將黃豆芽放入冰箱，非常容易腐爛。建議先清洗，再放入密封盒中，並以水浸泡，且水位需超過黃豆芽的表面；採用其保存的原因在於，黃豆芽是由水栽培而長的蔬菜，只要失去水分，便容易腐壞、變黃；相反地，只要供應充足水分，可多保存 10 天，但請記得 2 ～ 3 天更換一次浸泡的水，維持鮮度。

▲ 將黃豆芽浸泡於水中，並密封保存，可多保鮮約10天。

雞蛋：放入盒中，再置於冷藏

　　雞蛋表面約有一萬個毛細孔，並以此呼吸，也因而容易吸附氣味，一旦保存環境不佳，雞蛋就會腐壞；此外，雞蛋只要稍微碰撞，蛋黃就可能破裂，導致新鮮度下降。因此，我建議將雞蛋裝在專用的密封容器中保存，貯存於冷藏室層板上，而非冰箱門邊，才可長期保存。

TIP▶ 雞蛋無需清洗，請直接收納於盒中。擺放時，將會呼吸的圓端朝上，以維持新鮮度。若難以區分雞蛋的尖端和圓端，則依購買時所放置的方向為準。

▲ 將雞蛋保存於專用容器中，並標註購買日期或有效期限。有效期限通常是自產卵日算起的 30 天，夏天則是 15 天。

葉菜類：容器內先鋪紙巾，再放蔬菜

　　葉菜類因保水量多，一經冷藏後容易因水分滲出腐爛，不過，只要在容器底部鋪上廚房紙巾，就能有效防止腐爛問題。此外，請讓蔬菜依照在田裡生長的方向直立保存，再於上方蓋上一張廚房紙巾，以便吸附冷藏凝結在蓋子上的水氣，延長保鮮時間。

收納TIP

定期更換密封容器，以獲得最佳保鮮功效

　　根據實驗結果發現，將食品保存於密封容器內，可維持一定濕度，且食品新鮮度更可從平均的 4.2 倍增至10倍。不過，一旦容器的密封度不佳，效果就會大幅減退。因此，請定期檢查容器的狀態，以獲得最佳的保鮮效果。

▲ 保存葉菜類時，可先在密封容器底部鋪上廚房紙巾，就能延長其保鮮時間。

高麗菜：以廚房紙巾包覆保存

　　高麗菜會先從生長點的莖開始腐爛，因此，只要切掉這個部位，就可避免快速腐壞。此外，高麗菜屬於水分較少的蔬菜，可用沾濕的廚房紙巾將其斷面包起，便能延長保存時間。

▲ 用沾濕的紙巾，將高麗菜簡單包覆，即可延長食用時間。

根莖類：洗淨後冷藏

　　蘿蔔、地瓜、洋蔥等根莖類蔬菜，若沒有將其表面清洗乾淨，就直接放進冰箱冷藏，可能會滋生細菌，並滲透於其中。因此，保存根莖類蔬菜前，請務必清洗乾淨。此外，我建議將根莖類蔬菜，放入鋪有廚房紙巾的透明塑膠袋中，再將尾端牢牢捲起來，完全密封，製造真空狀態，以利阻隔外部空氣，防止水分流失。

▲ 清洗乾淨後，先在塑膠袋內鋪上廚房紙巾，再將根菜類蔬菜裝入，密封保存。

油品：用紙巾包覆後，放入牛奶盒中

　　用來拌炒食物的油品，例如紫蘇油等，易變酸且香氣容易揮發，建議冷藏保存。可先用廚房紙巾包覆，再放進牛奶紙盒，就能防止油滲出，避免造成冰箱的髒亂。

收納TIP

善用DIY收納紙盒，整齊又乾淨

　　保存於冰箱的油品或調味料罐等，因時常開關使用，開口處易滲出油、醬料等，若直接將這些瓶罐放進冰箱，容易使冰箱被污漬弄髒；此時，可利用DIY收納紙盒，將其剪成適當大小，各別置放。不僅可將各式瓶罐排列整齊，當油品或醬料不慎滲出時，只要更換紙盒，即可輕鬆維持冰箱的整潔環境。

▲ 以紙巾包覆後，並用橡皮筋固定，再放入牛奶盒裡保存，乾淨又衛生。

蛋糕：請利用密封盒倒扣保存

　　有時礙於蛋糕的包裝盒太大，以致吃剩的蛋糕難以存放於冰箱，因而時常感到苦惱嗎？此時，只要將密封盒倒放，就可以輕鬆保存吃剩的蛋糕了。首先，將密封盒的蓋子鋪上廚房紙巾，再將蛋糕放上去，接著將密封盒主體，倒扣蓋起。不但方便拿取，容器也不會沾到奶油，清洗時也更加方便。

▲ 將烤盤紙或廚房紙巾鋪在蓋子上，再將容器倒扣蓋上（見上圖右），清理時更輕鬆。

起司：密封保存

起司等乳製品，請裝進密封容器內保存，不僅能防止微生物汙染，同時還能維持口感與保鮮。同樣地，請記得在密封容器外標註食用及保存期限。

TIP▶ 取出密封容器內的食材後，歸位時請務必記得將容器再次關緊，四邊扣環緊密關上，才能確保起司處於密封狀保存。

▲ 在盒外確實寫上保存期限。

吃剩的罐頭：倒於容器內保存

如果直接將吃剩的罐頭食物，繼續存放於罐中，罐頭內所含的錫將會溶解，導致剩餘食物變質，甚至汙染。建議將其取出，另保存於密封容器內。與其他食物相比，罐頭腐壞速度更快，建議一週內食用完畢；如果超過一週，請改為冷凍保存或直接丟棄。

▲ 若是火腿罐頭，可先將單片火腿抹上些許沙拉油，再放進密封罐保存，有助維持其口感與新鮮度；也可以避免火腿片相黏，使用時更方便。

堅果：以冷凍保存

堅果容易發霉，一旦長出黴菌或產生異味，就不可再食用。因此，建議將堅果保存於冷凍庫中，吃多少拿多少，並於食用前稍微烘烤，更美味。一般而言，在未開封的情況下，堅果的保存期限約一年。

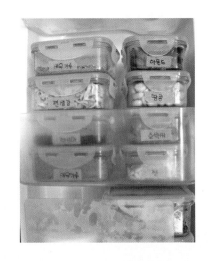

▶ 將堅果類置於冰箱保存，除了保鮮，也有助維持堅果的香脆口感。

3 如何正確使用冷凍庫，保存食物？

我們總認為，只要「冷凍保存」，食物放再久也沒問題，以致經常過量購買，無法消耗。若沒有妥善整理，即便是存放於冷凍庫的食物，也可能腐壞、汙染。因此，請勿將冷凍庫當作儲藏櫃使用，務必定期整理收納，才能確保食物的新鮮，與冰箱的使用效能。

1 打造隔間，分類收納

可利用收納盒，充分活用冷凍庫的收納空間。如右圖所示，請盡可能購買與冷凍庫相符，且大小一致的收納盒。此外，也請在每個收納盒外貼上食品名稱，除了方便取用外，也可養成物歸原處的好習慣。

TIP▶採用抽屜式收納，可清楚看見位於最後方的食品，方便拿取使用，也可避免忘記哪些東西已購買，精準掌握庫存量。

▲ 善用扁平容器或塑膠袋，將食物分裝成單次用量，以方便日後解凍使用。

2 利用扁平容器收納

使用扁平容器存放食物，再放進冷凍即可。例如：將肉攤平後再冷凍、鹽漬鯖魚分成塊、燙青菜分成一次用量、存放一塊吃剩的蛋糕捲等。簡而言之，分裝成單次使用量，並將食物立起，放於收納盒中冷凍保存，就能妥善利用空間。

TIP▶立起時，若扁平容器易倒，可利用 L 型書架固定。

▲ 可利用 L 型書架，將扁平容器確實立起收納。

▲ 建議在收納容器外，寫上食物名稱和有效期限。

3 採用直立式收納

　　冷凍庫的下層抽屜，建議採用直立式收納，並沿用外包裝，直接將乾貨、冷凍食品、粉狀食品等，以密封條保存即可。因為保留外包裝，可直接確認內容物，更方便快速。

▲ 將寶特瓶的瓶蓋剪開，套在麵粉等粉狀食品的開口上，即可防止灑出。

TIP▶麵粉容易吸收周遭氣味，必須仔細密封。

▲ 將冷凍和袋裝食品立起，確實排放整齊。

冷凍庫的收納 3 原則

❶ 為了鎖住食物水分、隔絕氧氣和防止腐壞，請密封保存。

❷ 建議將肉類攤平並分裝成單次用量，冷凍保存；如此，解凍時可減少肉汁的流失。

❸ 食品的保存期限會因保存狀態而改變，建議統一標註食品的開封日期。

如何正確冷凍及解凍？

　　若將食材攤平保存，不論是冷凍或解凍時，其速度都會比成塊的食材快，如此就能確保食材的新鮮度，避免微生物繁殖滋生。此外解凍時，應放在冷藏室慢慢解凍或利用微波爐加熱解凍，才能防止細菌滋生。

　　請切記，食物解凍後就不宜再次冷凍，因為食物冷凍後，其細胞已遭到破壞，更容易藏匿細菌，因此請避免反覆冷凍、解凍，以免造成大量細菌滋生。

4 活用冷凍庫門板的內側空間

　　由於門板內側的收納空間溫度變化大，因此建議存放較不易受到溫度影響的乾燥食品。但不同於冷藏室，請先依照單次使用量分裝，再存放至大小適中的容器內，以利於往後的解凍使用。

▲ 選用符合冷凍庫門大小的密封容器和隔板。

▲ 若擔心重疊的容器會傾倒，可訂製符合冰箱大小的壓克力板，安插在冰箱門上，即可有效防止物品掉落。

▲ 善用L型書架，收納效果亦佳。

▲ 利用家庭裡牛奶瓶或礦泉水瓶製作收納盒，就能輕鬆收納。

▲ 依單次用量分裝至各小容器裡，再放入剪開的塑膠罐中，即使數個重疊，也不用擔心滑落。

收納TIP

如何利用托盤，增加收納空間？

　　若冰箱還有零碎空間，建議可以將符合冰箱大小的托盤，放在層板間的突起處，增加收納空間。

善用容器，收納食材

誠如前文，將食物分裝成單次食用量，並攤平保存，可大幅縮短冷凍與解凍的時間。尤其適用於肉類與海鮮類。現在請一起學習，扁平容器與保鮮袋的妙用冷藏術吧！

肉類：分袋立起

將肉類放入塑膠袋後攤平，再用筷子壓成小塊狀（可依實際用量分割），接著放在托盤上冷凍即可。攤平後不僅冷卻迅速，也較不佔空間；而分割成巧克力狀，是為使用時，可快速取用單次量。此外，記得在保鮮袋外標注購買日期，以充分掌握保存期限。

▲ 將肉攤平，再用筷子分割成單次小方塊狀。

▲ 將攤平的肉擺放到托盤上冷凍，不僅可維持形狀整齊，也能快速冷凍。

▲ 將冷凍好的肉，分袋立起，放進收納盒保存即可。

海鮮類：裝入容器中

現代多為小家庭，很少一次料理多條魚或大量海鮮，因此，我建議將魚或魷魚等海鮮分裝成單人份，存放於扁平容器裡；日後再依用餐量，吃多少煮多少。然而，分裝冷凍前，必須先將魚的內臟和血水清洗乾淨；魷魚則必須清除軟骨和內臟後，直接攤平或切成適當大小，再放進扁平容器裡冷凍保存。待其確實冷凍後，再立起放入收納盒中即可。

▲ 請將魚內臟和血水清洗乾淨，並分成單人份，分裝至扁平容器內冷凍保存。

▲ 將魷魚清洗乾淨，再將其軟骨和內臟清除，最後切成適當大小，冷凍保存。

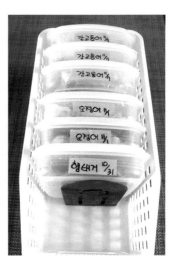
▲ 記得在扁平容器外標註日期和名稱，方便尋找。

汆燙蔬菜：加水冷凍

部分蔬菜，例如：芋頭莖或蘿蔔葉等，多半會先汆燙再料理。其實只要善用扁平容器，就可一次大量準備需要事先汆燙的蔬菜，節省料理時間。先將蔬菜放入滾水中稍微汆燙後，分裝至扁平容器裡，並加入些水一起冷凍。如此可有效鎖住水分，維持蔬菜的口感。

收納TIP

將 L 型書架放在抽屜最後方，如此一來，就算扁平容器的數量減少，也無須將抽屜完全打開。

▲ 加水冷凍蔬菜，可維持其口感，延長食用時間。

▲ 將冷凍好的蔬菜立起收納，整齊方便。

收納TIP

使用扁平容器的冷凍小技巧

如果食品裝進扁平容器後，馬上立起來收納，食物會因重力往下滑，以至於冷凍後倒向某一側，堆積成塊。因此，建議將扁平容器平放在冷凍庫內，待其確實結凍後，再立起收納保存。

起司：裝袋密封

莫札瑞拉起司的保存方法相當特殊，開封前必須冷藏保存，但開封後則必須冷凍保存。如果能在短時間內食用完畢，即可沿用原包裝，再以密封條冷藏保存。但如果無法在短時間內食用完畢，建議依單次食用量分裝至扁平容器內，再保存至冷凍庫，以確保新鮮。

家事祕技 4　白醋＋水，清除冰箱汙漬

　　我們總認為冰箱的溫度低，可安全杜絕細菌，保存食物。殊不知，一天開關冰箱數次，手部、食物的汙漬或異物等相互接觸，反而容易造成細菌繁殖。為了不讓冰箱成為細菌的溫床，建議冷藏室的溫度應維持在攝氏 2 度以下，冷凍室則在零下 20 度以下，並定期關閉電源一個月，確實整理。請一起來學習，打造乾淨無菌的冰箱吧！

如何清理冰箱？

1 清理前，請先關掉冰箱的總電源。

　TIP▶ 建議在預定清理冰箱的前一週，停止購買必須冷藏的物品，以利清理。

2 將抽屜和層板全部取出，並灑上以等比例混合的白醋和水的清潔液；待汙漬被吸附後，再仔細擦拭每個角落。

3 接著，將白醋和小蘇打粉混合後，繼續擦拭抽屜和層板。

4 為了徹底清除冰箱內殘留的細菌，請再灑上一次白醋水，確實擦拭。此外，為了去除濕氣，請用乾抹布擦拭。

5 亦可利用牙刷，反覆刷洗冰箱門上的橡膠密封墊，以便清除汙垢。

　TIP▶ 若過度用力刷洗橡膠密封墊，會使其變鬆，影響冰箱門關起的緊密度，請特別注意。

6 將清洗完畢的層板和抽屜拿至陽光下曬乾，有助於殺菌和消毒。

自製容器，收納各式廚房用品

隨著「收納整理」受到重視，因應而生的收納商品也不斷推陳出新。然而，要找到完全合用的收納物品卻不是件容易的事。此時，不妨利用生活中的廢棄物，回收再利用，製造獨一無二的收納物品吧！

醬料收納盒

只要將寶特瓶剪半，再裝上橡膠吸盤，即可做出吸附於冰箱門的醬料收納盒。

 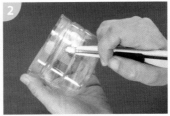 

1 將寶特瓶剪半，保留其底部備用。而橡膠吸盤可至生活雜貨店購買。

2 在寶特瓶上挖一個可塞進橡膠吸盤的小洞。

3 為了避免橡膠吸盤輕易脫落，建議將洞鑽小一點，即可將橡膠吸盤完全卡入小洞裡固定。

4 將橡膠吸盤固定於牆面上即完成。

TIP▶ 若一開始就想將寶特瓶剪出完美的收納形狀，易造成手受傷，因此建議先用美工刀割出大略形狀後，再用剪刀慢慢修剪。製作時，請注意安全。

優格收納盒

只要用圓形牛奶瓶，就能製作收納杯裝優格的容器，防止優格在冰箱中傾倒。

1 用美工刀將1000毫升的牛奶瓶上端剪下。

2 如圖所示，在牛奶瓶上剪下一個U字型。

3 裁切口處較尖銳，請務必小心不要被割傷。

4 將優格裝進剪好的寶特瓶裡，透過U字型處便能輕鬆取出優格。

密封蓋

利用寶特瓶蓋，就能製作砂糖和麵粉等袋裝粉狀食品的密封蓋；加裝密封蓋就無須擔心一次倒太多，也可輕鬆密封保存。

1 如圖所示，將寶特瓶上的瓶蓋剪下。

2 在包裝袋的某一側剪出一個可放得下寶特瓶蓋的開口。

3 將寶特瓶蓋放入包裝袋裡。

4 用橡皮筋將食品包裝袋和寶特瓶蓋，確實綁起固定。

粉狀物收納盒

　　若想將粉狀食品收納於冷凍庫的門板內側，只要利用牛奶瓶自製收納盒即可。建議在做好的收納容器外，標註內容物名稱，以利歸位與尋找。

1 選用大容量的塑膠牛奶瓶，從把手處將上半部剪下，保留下半部。

2 用美工刀大略割出欲使用的形狀後，再用大剪刀仔細修剪。裁剪時，請務必將尖銳處修剪成圓弧狀，才不容易割傷手以策安全。

3 可在粉狀包裝袋上，加裝一個剪開的礦泉水瓶蓋，再放收納盒中。

TIP▶ 為避免手受傷，礦泉水瓶的裁切面，也請仔細修剪乾淨。

4 礦泉水瓶剛好可以放進牛奶瓶，做雙層收納，亦能作為緩衝架。開關冰箱門時，就無須擔心物品滑落。

收納TIP

如何用寶特瓶蓋估算分量？

　　料理新手通常難以準確測出一人份的量，尤其是煮麵時，雖然一般都建議可利用大拇指和食指圈出一人份的量，但會因手的大小而有所差異。在此情況下，不妨利用寶特瓶蓋，將穿過一個蓋口的麵條當作一份，就能精準掌握每次煮麵的分量。

廚房刀具收納架

利用四角形的優酪乳罐，就能製成貼在水槽門上的廚具收納小物，相當方便。

1 沿線剪下四角形優酪乳罐的底部。

2 用剪刀修剪尖銳處，並採用相同方法，剪裁多個優酪乳罐，靈活運用。

3 可準備「吸盤、橡膠活塞、吸附掛鉤」等多種固定工具。

　　TIP▶ 可至網路商城或雜貨店購買，約39元。

4 用美工刀在優酪乳罐開一個小洞，再將固定工具塞入。

　　TIP▶ 若使用橡膠吸盤，貼在牆壁上前，可先塗抹些許蛋白於牆面，可黏得更牢固。

5 依序將優酪乳罐黏在水槽櫃的內側門板上，就可自由放入剪刀、刷子、削皮器等用具。

6 也可依照實際使用情況，將兩端剪開使用。

請試著用衣架和收納紙盒，增加層板下方的收納空間吧！但請記得此處，只能放重量較輕的物品，切勿收納過重的物品。

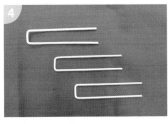

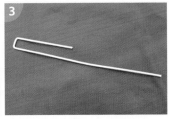

1 先將衣架拉成一字形，再依可收納的空間和長度，彎出一個L形。

2 為使彎曲部份完全符合層板厚度，請確實移至層板下方測量。

3 依層板厚度，將衣架彎成「匚」字形。

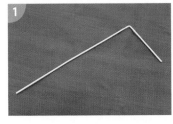

4 再依收納盒的大小，以相同方法做2~3個左右的「匚」字形衣架。

5 收納紙盒貼齊層板下方，再以「匚」字形的衣架固定即可。

6 將已剪開的牛奶盒當作隔板，放進固定在層架下方的收納紙盒中，就可以將茶包等較輕的物品收納於此。

 收納TIP

用相同方法製作層板專用抽屜

也可以利用P119的作法，製作厚紙板抽屜，固定於收納櫃裡的層板下方，收納茶匙或叉子等物品。另外，只要將牆壁專用掛鉤，顛倒後固定貼上，就能當作把手使用，方便拿取。

咖啡包收納架

不妨利用衣架自製咖啡包收納架,將咖啡包與茶杯收納在同一個空間,當客人拜訪時,便能快速準備香濃的咖啡供友人享用。

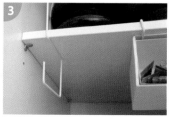

1 將衣架拉成一字形後,並在尾端摺出 L 形,當作支撐點。

2 將衣架繞一圈,包住即溶咖啡的外包裝盒。

3 將上端的鐵絲摺出與層板厚度完全的大小。

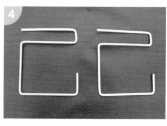

4 做出一個反向的 S 形,將多餘的部份以虎頭鉗剪斷。接著,以相同方式做出一個相同形狀的支撐架。

5 將完成後的衣架掛在層板上,並將即溶咖啡盒放進去即可。若衣架尾端的切口過於粗糙,可用熱熔膠槍處理或套上吸管,以防割手受傷。

6 將即溶咖啡盒的開口朝下,塞進層板下方,即可妥善利用零碎空間。

TIP▶ 除了即溶咖啡,只要是重量輕的紙盒裝物品,皆可利用自製衣架收納,相當方便。

保鮮袋收納架

若覺得每次使用保鮮袋,都必須打開抽屜拿取,過於麻煩,就利用衣架自製收納架,掛在牆上吧!如此就能一次一張抽出使用,省時又方便。

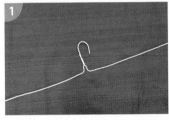

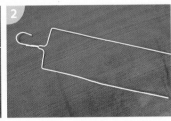

1 如圖所示,將衣架剪開拉成一字形。

2 將拉成一字形的鐵絲,彎出可支撐保鮮袋的寬度。

3 將欲使用的保鮮袋放到彎好的鐵絲上,並在鐵絲上標出其高度。

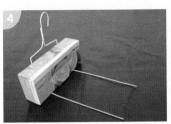

4 利用虎頭鉗在標示好的位置,彎出直角,再標出保鮮袋的厚度。

5 在標示好保鮮袋厚度的地方,彎出直角,並在衣架上標出用來當作保鮮袋支撐架的位置,再摺起。

6 彎好後,尾端剪掉,相互對摺,水平重疊,將切口收尾固定。

7 衣架的尾端可用吸管套接起,使其更穩固。

衛生手套收納架

利用衣架做一個簡易的衛生手套收納架,如此,製作醃涼拌菜或過冬泡菜時,就會方便許多了。

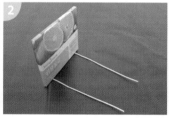

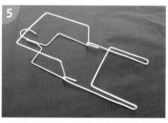

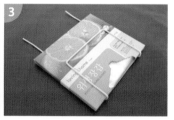

1 將衣架拉成一字形後,再彎成「凵」字形。

2 擺上塑膠手套盒後立起,並在鐵絲上標示厚度。

3 利用虎頭鉗將標示處折彎,緊密包覆手套盒。

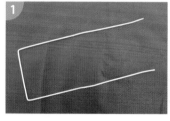

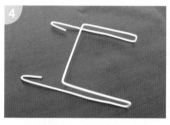

4 將衣架尾端彎成一個掛鉤狀。

5 可直接使用,或連同保鮮袋收納架,合併使用。

收納TIP ·····················

如何收納廚房紙巾?

也可以相同作法,製作廚房紙巾的收納架。只要將廚房紙巾盒倒放,就能輕鬆取用。

6 將橡膠吸盤吸附在收納櫃的門板或牆面上,再掛上衛生手套架即可。

鍋蓋架

　　打開鍋子時，熱鍋蓋應該放哪裡呢？大家通常都不知所措、不知該放哪裡吧？
不妨利用衣架，製作鍋蓋架，方便且不燙手。

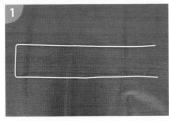

1 如圖所示，將衣架彎成
「ㄷ」字形。

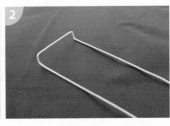

2 將「ㄷ」字形尾端彎起，
以作為立起鍋蓋時的防滑
的支撐點。

3 彎起一個鍋蓋立起時，
可支撐高度（大約10公
分）。

4 做出支撐鍋蓋的部分，
及固定用的連接掛鉤。

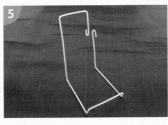

5 做出上下可彼此相互連接
固定的掛鉤。

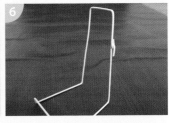

6 將做好的掛鉤連接後，
再用虎頭鉗壓平，避免
鬆開，完全固定。

7 完成，即可用來放置熱鍋蓋。

若將廚房紙巾收納在廚房顯眼處，就隨時取用，維護清潔。如果市面上販售的廚房紙巾架不符使用，不妨親手量身訂做吧！

1 將已拉成一字形的衣架，再次彎成一半。

2 如圖所示，彎出一個小掛鉤，其餘兩側拉平。

3 直接將使用中的廚房紙巾拿來比對，依照其長度彎出直角。

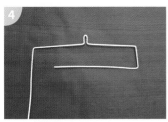

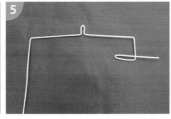

4 依照廚房紙巾的厚度，彎出掛鉤的厚度。

5 為避免手受傷，請將切口處對摺收尾。

6 用虎頭鉗將對摺處確實壓平，另一邊也以相同方法進行完全。

7 將做好的廚房紙巾架掛在收納櫃門板內側，或其餘可方便使用的空間。

防滑衣架

　　洗好的衣服通常會掛在陽台或戶外晾乾。但當風太大時，衣服容易被吹落。此時不妨將衣架稍微加工，如此一來，就算吊掛細肩帶背心，也不用擔心被吹落。

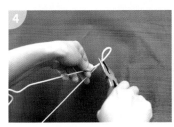

1 用左手大拇指將衣架往下壓。

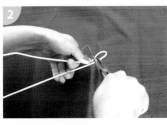

2 同時將握有虎頭鉗的右手往左邊扭轉，也往下壓。

3 使衣架尾端略往上翹起些，做出一個凹陷處。

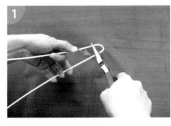

4 再用虎頭鉗將凹陷處壓扁，並用左手大拇指和食指將衣架往上彎成一個「V」字形。

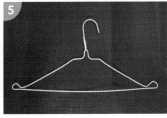

5 另一邊也用相同方式，彎出大小相同的「V」字形，即完成。

TIP▶ 若將褲子的腰帶環，穿進衣架兩側的突起處，再掛到曬衣架上，就可節省曬衣空間，也可防止衣物滑落。

Part 4

書房‧客廳‧浴室的收納原則
為物品安排位置，物歸原處好輕鬆

前三章介紹的收納術，
大多是適用於主婦們的使用空間，
現在，則要認識家人生活空間的收納。
既然是全家人共同使用的空間，
就必須配合家人的生活習慣進行。
現在就來認識，玄關、書房、客廳，
至浴室等空間的收納原則。

1 打造收納空間，讓孩子愛上整理房間

凌亂的書籍、隨意亂丟的書包和散亂一地的玩具等，各位是否永遠無法教導孩子主動整理房間，以至經常跟在後面，幫忙整理收拾？其實，只要教導孩子收納原則，並打造一個能讓孩子自行整理的環境，就能培養隨手收納的好習慣。現在就透過案例，比較整理前後的狀態，同時公開我獨創的系統收納術。

1 依需求，改變家具位置

改變，是收納過程中最難克服的一關。為了徹底改變收納習慣，變換家具位置，是最立即見效的方法，尤其以培養孩子的收納習慣而言，此方法的成效最好。或許有些人會認為，家裡太狹小，不論家具怎麼擺，應該沒差吧？事實上，只要配合使用目的，善用零碎空間，妥善擺放家具位置，不管家中坪數的大小，皆能進行有效的收納。

▲ 由於孩子房收納空間不足，於是將原本屬於孩子的櫃子，移到主臥房，導致主臥房的門不好開，影響使用。

▲ 物品比空間多，現有家具或書櫃發揮不了應有的作用，導致收納效果不理想。

▲ 因擔心弄丟孩子的教具，又不懂得收納，於是連同外包裝箱放在角落，十分凌亂。

▲ 玩具、教具、書本散落各處，雖然這是 5 歲孩子的房間，但嬰兒時期使用的小毯子、衣服等卻依然存在，未善加整理。

▲ 重新分配家具位置，明確分成學習、遊戲、玩具等區域，讓房間變得整齊實用。

◀ 將使用率低的綠色四格櫃清除，再將不常看或不符合孩子年紀的書籍、衣服和用品，送給需要的人。

▼ 將分散於家中各處的塑膠收納
箱,統一當作玩具收納箱,營
造視覺一致性,整齊感更強。

▲ 重新規劃後,將原本放在主臥房的櫃子放回孩子的房
間。由於空間運用得宜,並不會因增添家具而感到擁
擠,甚至更加便利。

如何整理書包?

為了學業成績,不少孩子下課就得去補習,因此除了書包,還有不少才藝包。如果將這些書
包集中收納在同一處,不僅能減少孩子找書包的時間,也能養成其主動整理書包的好習慣。

▲ 準備三個文件架,利用鐵絲
線或束帶將其連接固定。

▲ 將連接固定好的文件架,放
在書桌旁或房門口。

▲ 放學回家後,直接將書包放
進文件架裡即可。

收納TIP

用紙箱自製抽屜隔板

　　將箱子剪成適當大小，放進衣櫃抽屜中當隔板，無論拿或放衣服，都不易亂掉。若能將衣服立起收納，更能輕鬆找到想穿的衣服。此外，當孩子們看見一格格整齊排列的衣服，自然不會隨意弄亂。

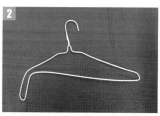
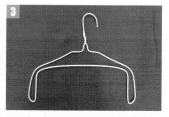

衣架DIY

自製兒童用衣架

　　如果將童裝掛在成人的衣架上，衣服形狀會因為大小不合而變形。此時，只要利用成人衣架，製作適合吊掛童裝大小的衣架，即可輕鬆解決問題。

▲ 首先，將衣架彎成符合童裝的肩線寬度。

▲ 如圖所示，以肩線位置為基點，抓住衣架兩側彎曲。

▲ 另一邊也以相同方法彎曲。

▲ 左圖是使用兒童衣架，右圖則是成人衣架，可明顯看出衣服的肩線處變形。

▲ 一眼望去，雜亂無章，想在這一大面書櫃中找到想要的資料，十分困難。

2 依閱讀頻率，整理書櫃

此案例的屋主，因非常重視子女的教育，特別準備一個房間擺放書籍與教具。但由於沒有妥善整理，導致此書房亂七八糟，孩子們根本不願意踏入此處學習，這個房間形同虛設。然而，只要物歸原處，不隨意亂塞，就能提升空間活用度與物品的價值，以達到提升學習力的目的。

▶ 由於書籍、教材與資料太多，只好放在書櫃和牆壁間；加上並未妥善分類整理，以致根本不會想翻動此處的東西，資料變得毫無價值。

▲ 隨意將雜物放在書籍上，看到空間就亂塞，
讓書櫃凌亂不已。

▲ 預先購買不符合學習年齡的
書籍，且未妥善整理；如此
凌亂的房間，孩子的學習意
願自然不高。

◀ 不適用的書籍
和教材請丟棄或
送人；預先購
買的書籍也請
分裝整理，
收進倉庫，
才不會佔
用現有的
學習空
間。

▲ 書櫃頂部到天花板的空間，因高度過高
不易拿取，可改放文件架，收納成長紀
錄、學習作品等不常使用的雜物。

▲ 記得在箱子外貼標籤，寫好物品名稱，培養
孩子將玩具物歸原處的好習慣。

▲ 將文件架倒放，並在外側貼標籤，即使不翻
閱文件架，也可輕鬆辨識內容，一目了然。

▲ 將全部的書櫃靠攏，由高至低對齊，排成一列。

▶ 將開本大小不一的書放在書
櫃最下層；同類型、同系列
和大小相同的書籍，放在書
櫃上層，可讓視覺的整齊感
更一致。至於孩子經常閱讀
的書籍，要放在書櫃中層，
方便拿取。

▲ 當書房收納整齊後，可另行放置椅子，營造良好的閱讀環境，提升孩子的學習意願。

▲ 不妨利用多功能掛鉤，將捲軸式的教材掛在書櫃上，方便學習，也能美化空間。

收納 TIP

讓孩子養成收納習慣，學習力也會大幅提升

　　許多教育專家皆已證實：「擅長收納整理的孩子，其學業成績必定也不差。」事實上，擅長收納整理，也意味著判斷力和邏輯能力佳，懂得分類、取捨及安排物品的使用頻率和順序。因此，**培養孩子學習收納，自然也能訓練「思緒整理和邏輯判斷」，進而懂得做筆記、抓重點等，提升孩子的學習能力。**

　　這樣的邏輯訓練，若從小開始培養，其成效將更顯著；這也就是為什麼，幼稚園老師們教導孩子的第一步，就是「學習收拾自己的玩具」。透過遊戲或歌曲，帶領孩子輕鬆培養「物歸原處」的習慣，無形中訓練邏輯力和學習力。

　　換句話說，與其不斷灌輸孩子「整理」的重要性，不如透過遊戲從中培養。例如，和媽媽一起玩「尋找物品的家」，藉由孩子的眼睛和大腦「主動」尋找，熟悉每樣物品的擺放位置，慢慢養成收納習慣。此外，遊戲時請適時給予孩子讚美和鼓勵，才能誘發更多學習意願。

　　若孩子年紀較大，更要將「把房間打掃一下吧！這是什麼鬼樣子？」等命令式的責罵，改以向他說明「為什麼要整理？學會收納可以幫助你什麼？」等，成效更好，也可避免親子關係因「不善收納」而破裂。不論是使用「遊戲式」或「道理式」的教導，父母們都必須耐心、平心靜氣地對待孩子，若過於焦躁、催促，甚至破口大罵，極有可能造成反效果。

收納祕技 1 書櫃整理，首重「陳列」

書籍的陳列方式，除了影響書櫃的使用率，同時也會影響讀書的意願。因此，接下來要分享「活用書櫃」的收納法，有助提升學習效益。

不定時改變陳列位置，增加新鮮感

孩子的好奇心強、喜新厭舊的速度也很快。可能前陣子仍非常喜歡的玩具，突然不喜歡了，但過了一段時間後再拿出來，又會玩得非常開心；對書籍的態度亦是如此。因此，我建議不定時改變書本的擺放位置，例如將整套書的位置對換，或刻意將孩子鮮少翻閱的書，挪動至書櫃中層，引發孩子興趣，主動拿起閱讀。

將教材與CD分開收納

許多教材都附有CD，不妨將CD另行收納至小書櫃裡。因為CD盒的大小與書本不一，全部放在一起較雜亂。此外，建議將CD與播放器收在一起，也有助增加孩子主動播放學習的機會。

依閱讀頻率，決定擺放位置

考量孩子的視線高度和身高，請將閱讀頻率較高的書，放在伸手可及的位置。此外，若是精裝書或大開本的書，請放在書櫃最下層，避免因重量過重，造成孩子拿取時跌倒或撞傷的意外。

▶ 將無法直立擺進書櫃中的大型本或精裝本，放於書櫃最下層，也可以讓視覺感更整齊俐落，收納效果加倍。

書籍按字母或注音符號排序

　　一般習慣利用數字編號，排序書籍，較省時方便。但若能依照英文字母或注音符號排序，將書櫃當作一本大辭典，不僅具有索引功能，也能讓孩子自然記住字母和注音符號。簡而言之，只要多花一點巧思，安排書櫃的陳列，則處處都能學習，也能減輕孩子的負擔。

 收納 TIP

減少雜物，還給孩子自由學習的空間

　　玩具一旦買太多，孩子自由活動的空間就會變少；若牆壁上貼買各種學習資料，孩子可能會更排斥學習，甚至礙情緒發展。因為過多的資訊或物品，容易使孩子無所適從，以致影響其性格發展，進而表現魯莽的行為。因此，請盡量減少物品，還給孩子自由學習的空間。此外，與雜亂無章的環境相比，安靜、整潔、有規劃，更能提升學習效率。

❶ 書桌放門口，提升學習效率

　　書房的擺設重點，就是營造舒適、寬敞與安定的環境。因此，除了書桌、床、衣櫃等家具，請盡量避免擺放多餘的物品。其中，最重要的是書桌的位置，若擺放得宜，將可大幅提升學習效率。

　　根據兒童行為學家調查，孩子的活動路線，會從第一眼看到的物品開始進行。因此，我建議將書桌放在一進房門就能看到的地方，如：門口或房門旁；反之，如果將書桌背對門口，孩子可能會假裝讀書，或背著父母偷偷做其他事情，影響學習效率；若將書桌面對窗戶，就容易想出去玩；若書桌面對床舖，就容易躺下休息，導致集中力下降，無法專注於學習。由此可見，書桌的擺放位置對孩子的學習而言影響至深，非常重要。

▲ 家具配置過於分散，容易讓孩子變得散漫或注意力不集中。

▲ 建議將書桌放在面對門口的位置或門口旁。

收納 TIP

家具依高矮擺放，營造整齊感

　　放置家具時，建議依照家具的高矮擺放。事實上，營造視覺的穩定感，讓人感到舒適，也是一種收納法。若不方便移動的家具，則可善用相框等物品，掛在高度較低的家具上方，就可平衡視覺感。此外擺放家具時，記得距離牆壁約10～15公分。因角落容易堆積灰塵，保持些許距離，不僅方便日後清潔，睡覺時也能避免碰撞牆壁，導致灰塵散落。

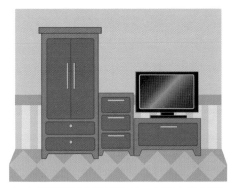

▲ 未順著家具的高度擺放，視覺上缺乏穩定感，即便收拾整齊仍覺得有些凌亂。

▲ 若家具不方便移動，可將相框等物品，放在視覺的凹陷處，穩定平衡。

❷ 可放大視覺空間的家具陳設法

　　孩子房的基本配備就是書桌、書櫃和床。隨著父母對孩子的期望越大，房間裡的家具也會越多。如何妥善規劃家具位置，發揮空間的使用率呢？現在，一起學習放大視覺空間的家具陳設法吧！

**只放
基本家具**

- 家具越多就表示活動空間越少，容易使孩子感到壓抑，降低學習力。
- 選擇高度較低的家具，椅子也請挑選高度較矮且輕巧的小板凳。

**使用
明亮色系的
家具**

- 統一使用明亮色系的家具，可讓空間看起來更寬敞。
- 若擔心僅使用明亮色系會太單調，不妨在壁紙或燈具上選用其他色系，增加亮點與變化。

**選用高度
和寬度相同
的家具**

- 高度過高的家具，容易給人壓迫感。建議選用高度低一點，且與天花板保持些距離的家具。
- 若能統一家具高度，就能輕鬆營造妥善收納整齊的感覺，可讓視覺更寬敞。
- 添購新家具時，也請留意其高度能否與既有家具搭配，留意空間的一致性。
- 若家具的大小難以統一時，可利用相框等物品，穩定視覺平衡。

**將家具集
中放在牆壁
側邊**

- 依家具寬度和高度，將家具集中擺放在牆壁側邊，讓空間更寬敞。
- 若是將家具放在牆面兩側，建議一邊統一放置高度較高的家具，另一邊則放置高度較低的家具，營造空間的平衡感，也是一種收納技巧。

3 如何善用書桌旁的剩餘空間？

　　書桌是一個開放式的空間，物品大都只能收納在眼睛看得到的地方。正因如此，常會覺得空間不夠用，或不論怎麼收都很亂。其實，「收納空間」可由我們自行創造，一起來發掘吧！

▲ 待書本都排列上架後，可在書本頂端與層板間的空隙，吊掛一個置物架，收納容易遺失的文具用品。

▲ 將衣架彎成「Ｗ」形後，掛在桌上型月曆的彈簧圈上，再將容易弄丟的鑰匙或手表等小物掛於此，方便尋找。

◀ 請務必遵照醫師的指示，正確用藥。

改造桌上型月曆，成為重點整理冊

▲ 準備一個桌上型月曆和一個透明資料袋。

▲ 將月曆的彈簧圈拆下。

▲ 將月曆放在資料袋上對齊，畫出月曆的大小。

▲ 依照標記大小，將資料袋多餘處剪下。

▲ 將剪好的資料袋對齊月曆的彈簧圈口，打出四個洞。

▲ 將月曆與資料夾的洞口對齊，再用塑膠扣環串起。

▲ 將背誦的資料，放進桌上型資料夾的塑膠袋內即完成。

▲ 可將文法、詞彙、數學公式寫下來放進袋內，放在書桌前，一抬頭就可背誦學習。

TIP▶ 可在月曆正面放入英文單字，背面放數學公式，應用於多個科目上。而過期的小型月曆也可做成相框，廢物利用。

4 書桌抽屜，使用牛奶盒收納

孩子們的文具用品種類多，大小也不同，想要妥善整理十分不容易，常常剛整理好，馬上就亂了。然而，不同於房間的空間收納規劃，大部分由父母決定，「書桌」是孩子每日實際使用的地方，因此請務必與孩子事先討論，再依照孩子的想法進行整理，才能確實維持抽屜的整潔。

❶ 第一格抽屜：**利用紙盒收納**

通常第一格抽屜的高度較淺，因此建議收納小型文具，例如迴紋針、釘書機、便條紙等。可利用優酪乳罐或牛奶紙盒，劃分抽屜區域，就能妥善收納文具。

▲ 配合抽屜的使用狀況，以牛奶盒或優酪乳罐劃分區域，方便收納。

▲ 將瑣碎的文具用品分門別類，收納在紙盒中，清楚明瞭。

❷ 第二格抽屜：**採直立式收納**

大部分抽屜第二格都比第一格深一些，因此可將簽字筆、色鉛筆、剪刀和膠水等文具立起收納，既整齊又方便尋找。

▲ 即使是相同的牛奶紙盒，也能靈活運用。請依抽屜實際使用狀況，製作適用的收納隔板。

▲ 分門別類立起收納，清楚方便。

剪刀沾到膠水，如何清潔？

孩子們使用的剪刀，常殘留雙面膠、貼紙、膠水等黏稠痕跡，導致刀刃受損，不易使用；使用清水或肥皂也不容易清除，其實，只要用防曬乳，就能徹底清除乾淨。

▲ 在黏稠的刀刃內側，塗上適量的防曬乳。

▲ 接著，反覆剪動數次；若黏稠度較高，建議多剪動幾次，清潔效果更好。

▲ 最後，將剪刀上的防曬乳擦掉，刀刃就會如同全新般，非常乾淨。

❸ 第三格抽屜：擺放使用頻率低的物品

由於第三格抽屜位於最下層，開關較不便，因此建議收納不常使用的物品，節省時間與體力。

▲ 將教具箱立起收納，並貼上標籤，方便尋找。

教孩子從整理中思考，學習做決定

若孩子無法整理收納自己的房間，而做父母的又只會大聲責罵，或跟在孩子後面收拾殘局等，不但無法讓孩子獨立自主，甚至會使他們養成凡事依賴父母的習慣。因此，**與其直接幫孩子整理，不如「教」孩子如何整理**，告訴孩子整理的目的與意義，並親自帶領孩子一起整理。就算整理過程緩慢，也請耐心等候。此外，當孩子確實完成所有動作，也請務必給予讚美，增加孩子對收納整理的自信。

收納過程中，父母也可適時提問，如「房間放不下這麼多東西，剩下的物品該如何處理呢？」讓孩子經由整理，學習獨立思考判斷。換句話說，學習收納是提升孩子思考力的好方法。

5 文具用品，依用途收納

　　孩子使用的文具五花八門，因應每種文具的用途和屬性，其保存方式也不同。以下介紹的方法，皆相當簡易，可應用在各式文具上，請多加利用。

❶ 畫筆類：**使用捲軸收納**

　　在專門收藏美術筆、毛筆的筆捲上，穿上有鈕釦洞的鬆緊帶，再簡單縫起，就能輕鬆保存畫筆了。

1 請將已打好鈕釦洞的鬆緊帶，穿進筆捲裡。

2 將鬆緊帶的一角摺起，縫合固定，並在鬆緊帶的另一端縫上鈕釦。

3 將毛筆擺在筆捲上。

4 將筆捲起，再扣上鈕釦，即可保存各式筆類，避免筆頭變形損壞。

❷ 筆洗桶：**可用鮮乳瓶製作**

　　如右圖一所示，將鮮乳瓶上的把手剪下，不僅能存放毛筆，也能當作筆洗桶。另外，也可將市面販售的韓式辣醬罐，當作筆洗桶使用，因其附有蓋子，因此移動時也無須擔心水會灑出（如右圖二）。

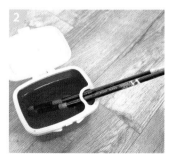

❸ 大型圖表：利用窗簾導軌，掛在牆上

　　一般習慣將地圖、年表等大張圖表，貼在牆壁上或壓在餐桌下，但若長久固定在某處，孩子容易失去興趣。此時，不妨利用窗簾導軌，將這些圖表製成活動式資料圖吧！不僅方便保存，還可隨意更換，誘發孩子的學習動機。

  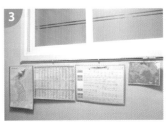

1 將6張（依圖表實際厚度增減）約1公分的紙條，用釘書機固定在地圖或年表等教具的上端。

2 再將固定好紙條的圖表，塞進廢棄的月曆掛軸裡。

3 其他的圖表也以相同方式加工。接著，將窗簾導軌黏在窗戶下方，並掛上教具即完成。

4 如此一來，圖表就可像窗簾般拉開、收回，增加學習的樂趣與變化。

❹ 打造孩子的迷你畫廊

　　將客廳牆壁佈置成孩子的迷你畫廊吧！貼上孩子的畫作，增進親子感情，也能提升自信心與成就感。

收納TIP

單字卡掛牆上，學習更方便

　　不論是學習英文或識字，皆可利用活動式學習架。只要用打洞機將資料卡穿洞，再穿上塑膠扣環掛上即可。讓孩子邊學邊玩，才是最有效的學習方法。

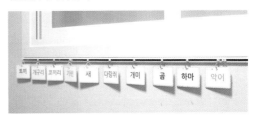

牛奶盒勿丟，可做收納盒

為了使牛奶保鮮，其所使用的外包裝紙盒，是相當厚實的材質，因而非常適合當作收納隔板。下列將公開牛奶紙盒的各式用法，一起學習吧！

如何輕鬆剪開牛奶盒？

可先將牛奶盒的上半部壓扁些，就可以一刀將牛奶紙盒剪開，方便又快速。

如何將牛奶盒加大？

若牛奶盒度不符使用，可合併兩個，甚至多個牛奶盒，以製成理想的收納盒。

1 請依圖所示的紅色虛線，將牛奶盒剪開成 L 形。

2 如圖所示，剪裁處打開後的模樣。

3 沿著箭頭方向，將兩個牛奶盒接在一起。

4 用膠水、雙面膠等黏著工具，將兩個牛奶盒固定，即擴充完成。

5 也可將大小不同的牛奶紙盒黏在一起，收納咖哩粉、麵條等大小不同，卻屬於相同使用空間的物品。

擺放調味料的收納盒，容易因調味料時常開關滲出，需經常清洗；但若以牛奶紙盒收納，弄髒就可立即更換，更衛生方便。

1. 將牛奶盒的某一面剪開，呈如圖所示的「匚」字形。
2. 將剪開的一面塞進紙盒內，可以使收納盒更牢固。
3. 若是用有把手的牛奶盒製作，便可採用抽屜式收納，拿取更方便快速。
4. 如圖所示，若紙盒朝這一側擺放，把手的地方容易聚集灰塵，因此請特別留意裁剪方向。

製作收納隔板

若是使用多個收納盒當作隔板使用，其底部容易聚集灰塵。此時，可將牛奶盒剪開，再黏成九宮格或更多，就能製成不易蓄積灰塵的收納隔板。

1. 將牛奶盒剪成理想的隔板高度。
2. 依所需剪出數個相同高度的牛奶盒。
3. 再利用雙面膠或長尾夾，將數個牛奶盒固定在一起，成為隔板的形狀，再放進收納盒中即可。
4. 當收納盒底部堆積灰塵時，只要將隔板取出，收納盒倒拍，就能輕鬆清理乾淨。

收納祕技 3　重疊收納盒，加大空間

隨著時間等因素，收納物品會不時增減，若能依照實際收納物品的多寡，連動調整收納盒的大小，更能充分利用有限的空間。因此，接下來要教大家如何使用牛奶盒與優酪乳罐，自製方便實用的「伸縮收納盒」。

方法 ❶ 利用牛奶盒

將兩個相同大小的牛奶盒，各剪開兩面，再接在一起，便能任意調整大小。

1 將兩個牛奶盒的頂端和某一側面剪開，再將其相接。

2 依所需容量調整紙盒距離，再用釘書機或迴紋針固定。

3 採用直立式收納，便能清楚看見內容物。此外，當物品減少時，再將收納盒縮小，節省空間。

4 牛奶盒的方向從橫向轉為縱向時，又能變成不同形狀的收納盒，請自由靈活使用。

方法 ❷ 利用優酪乳罐

優酪乳罐也可當作伸縮收納盒使用，製作方式和牛奶盒相同。

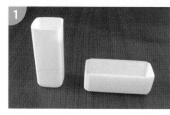

1 建議選擇四角形的優酪乳罐，並將上端和側面完全剪開。

2 再將優酪乳罐套起重疊。由於其材質較尖銳，務必仔細修剪稜角，即完成。

3 可收納化妝品試用包、指甲油、茶匙等。

TIP▶ 自行調整長度，以方便收納各式用品。

方法 ③ 利用牛奶盒＋優酪乳罐

牛奶盒和優酪乳罐的大小雖不同，卻可根據收納大小並用，以充分活用零碎空間。

1 若單用牛奶盒或優酪乳罐，不容易完全區分抽屜的空間。因此請同時使用這兩種容器，徹底活用空間。

2 雖然是回收再利用，但只要選擇相同大小、顏色相近的容器，就能做出美觀且實用的收納空間。

方法 ④ 利用礦泉水瓶或鮮乳瓶

可利用礦泉水瓶或鮮乳瓶，製作容量較大的收納盒。

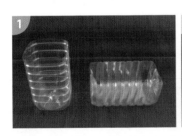

1 礦泉水瓶的瓶身有凹槽，即便不使用迴紋針，也能輕易固定並調整長度。

2 家庭號的鮮乳瓶材質較堅硬厚實，非常適合製成收納盒使用。

收納TIP

一起製作收納盒，增進親子感情

與其直接購買收納盒，不如與孩子一起動手製作！不僅能增進親子互動感情，也可培養孩子的收納習慣。只要將收納視為一種「遊戲」，透過不斷整理相同場所的物品，讓孩子學會「規律」；藉由回收物製作收納用品，讓孩子學會「珍惜」。再者，當孩子看到原本要丟棄的物品，經由他們的雙手，重新製成新物品，亦會成就感十足，藉此培養孩子的品格教育。

6 教孩子收納玩具，主動歸位

　　玩具就如同物品般，務必用畢後歸位，才能保持遊戲間的整齊。因此，培養孩子主動將玩具歸位，是最理想的收納方法。因此，父母要做的就是幫孩子創造隱藏式的收納空間，並教導他們學會自己收玩具。

Before

▲ 雖然客廳裡的玩具不多，但因為五顏六色的保護墊，以及為了方便，擺放在櫃子外的玩具，看起來十分凌亂。

▲ 雖然置物架是收納的好幫手，但卻容易在無意間將物品擺到置物架周圍，使環境變得亂七八糟。

▲ 可將積木、娃娃、汽車模型等體積較大的玩具，集中收進較深的抽屜或置物箱中。

▲ 請善用抽屜式收納盒，收納玩具，方便拿取與歸位。

▲ 分門別類，依序收納，方便孩子輕鬆找到玩具，盡情玩樂。

◀ 善用隔板，將色鉛筆、膠水、剪刀等物品立起收納。

▲ 體積小的教具請分格收納，避免混放。

◀ 將大型塑膠鮮乳瓶剪開，就成為實用的收納盒，可有效區分收納空間，實用又方便。

▲ 為了讓孩子看電視時能維持正確姿勢,在牆邊擺放兒童專用沙發,以利孩子端正姿勢。

▲ 利用書架區分客廳與孩子遊玩的空間,開放式的隔間讓空間看起來更寬敞。

清潔TIP

如何清除書架和書籍上的灰塵?

若物品堆積著灰塵,就算擺放得再整齊,總會有一種美中不足感的缺憾。尤其書本上的灰塵,更是不易清除。現在要教導大家幾個方法,輕鬆地清除灰塵。

▲ 將書架上的書本取下,再利用吸塵器將書櫃徹底清理乾淨。

▲ 用稀釋的小蘇打粉水,沾濕抹布,擦拭書櫃各處。

▲ 換成毛刷吸頭,將書本縫隙李的灰塵徹底清除。

▲ 用酒精擦拭書本封面,可清除手垢同時消毒。

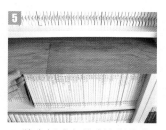

▲ 將木板或布剪成適當的大小,蓋在已清潔的書上。

▲ 用抹布擦拭木板或替換蓋布,就能清除灰塵,保持書本的乾淨。

7 電線請分類束起，勿散亂一地

　　家電用品的電線，若沒有妥善整理容易纏繞在一起，影響使用，甚至造成危險。事實上，只要利用魔鬼氈式的束線帶，或以鬆緊帶縫上幾針，就能輕鬆整理電線。

❶ 利用魔鬼氈式束線帶

1 將魔鬼氈式束線帶固定在任一位置上。
2 由於每次將電線纏起時，帶子的位置不一定相同，因此，請預留些許可活動的空間再縫起，大略固定。
3 將電線整理好後，再用帶子繞一圈固定即可。
4 如此，便能將電線收拾整齊。

❷ 利用有鈕釦洞的鬆緊帶

　　也可以使用調整孩童褲子腰身用的鬆緊帶，整理收納電線，亦十分方便。

收納 TIP

固定束線帶，就不用擔心弄丟
　　將束線帶固定在電線上，就不用擔心遺失，隨時都能將電線綁起收好。

1 請用打火機稍微燒一下剪裁處，防止脫線。
2 將鬆緊帶摺起一角，並用針線固定在電線上。針線處的背面，則縫上符合鈕釦洞大小的鈕釦。
3 將電線整理好，再用鬆緊帶纏繞，扣上鈕釦固定即可。
4 可將電線和離子夾一起纏繞收納，乾淨俐落。

❸ 整理吹風機的電線

通常吹風機的電線都較長，建議可直接纏繞在吹風機上即可。此外，只要將吹風機的電線妥善收好，便能創造更多額外的新空間，增進收納效率。

1 首先，將電線繞在吹風機的機身上。

2 將電線拉到握柄處。

3 繼續將電線往吹風機的握柄處纏繞。

4 將繞好的電線再繞到吹風機的殼體上。

5 電線繞好後再往下拉。

6 將電線再繞到握柄處。

※註：部分廠牌的吹風機不建議將電線纏繞在機身上，請注意使用說明。

7 如上述，反覆採用相同方式纏繞，直到電線全部收完為止。

8 以此纏繞法，即使沒有用其他的繩子綑綁，也能固定電線，且較不佔空間。

收納 TIP

善用聯想法收納

　　建議用聯想收納法，將吹風機和梳頭髮等
會同時使用的工具收納在一起，就能減少尋找
工具的時間。

④ 自製插座蓋

　　若家中有幼小孩子，建議加裝插座蓋，以策安全。此外，插座蓋也
可防止灰塵堆積，避免產生火花，乾淨又安全。只要利用大小適中的濕
紙巾盒蓋，就能輕鬆自製插座蓋。

1 將濕紙巾的盒蓋拆下。

2 用雙面膠帶或熱熔膠槍，
將蓋子黏在插座的牆上。

3 再將蓋子蓋起，即輕鬆完
成插座蓋。

4 也可尋找其餘大小適中的
蓋子，直接蓋於插座上，
避免孩童誤觸發生意外，
也有助於防塵。

8 利用鞋盒整理雜亂的電腦線

電腦設備有主機、螢幕、鍵盤、滑鼠等配件，電線眾多，且時常會相互纏繞。若只使用魔鬼氈式束線帶，會因電線太多，不易辨識，影響美觀。此時，建議利用鞋盒，便能輕鬆整理電線。

 收納 TIP

別讓插座積滿灰塵

灰塵一旦碰到電流，容易產生火花，釀成火災。因此必須特別注意，別讓插座堆積灰塵。

1 雖然已經使用魔鬼氈式束線帶，但是電線過多，仍顯得有些凌亂。

2 請準備一個大小適中的鞋盒，用美工刀在其兩側挖出電線塞得進去的凹槽。

3 同時在每一個插頭上貼上標籤，以便確認是哪條電線的插頭，使用更方便。

4 利用魔鬼氈式束線帶，將長度較長的電線收好，並收進鞋盒理。

5 蓋上盒蓋，就能防止灰塵堆積在插頭上，美觀、乾淨又安全。

6 這是電線最後整理完的樣子，完美地將電線藏進鞋盒中，俐落又整齊。

9 少許潤髮乳，即可清除灰塵

家電用品的外觀多為亮面，一旦沾染汙痕或灰塵，就會十分顯眼；若僅以清水或乾布擦拭，可能會因靜電影響，越擦越髒。而下列是專門清理家電汙痕和灰塵的方法，大家一起學習吧！

❶ 如何確實擦拭，不留汙痕？

擦拭電腦螢幕、電視等家電時，因靜電因素，若用一般的乾抹布擦拭，容易越擦越髒。這時，只要加一點防止頭髮產生靜電的潤髮乳，就能有效防止家電用品產生靜電，徹底擦拭乾淨。

 清潔TIP

潤髮乳也可當清潔劑

以 1 ：5 的潤髮乳與水稀釋，就能做出纖維柔軟劑。雖然潤髮乳和纖維柔軟劑的濃度不同，但成分相似，效果也很好。

1 請準備潤髮乳、水和空容器，以製作清潔劑。

2 將潤髮乳與水，以 1 ：5 的比例稀釋，清潔劑即完成。用水稍微稀釋，可避免擦拭時，潤髮乳凝結成一團。

3 用超細纖維抹布或絨布，沾適量的清潔液，並充分搓揉均勻，即可開始擦拭清潔。

4 輕輕擦拭螢幕或其他家電外觀，就能擦拭乾淨，不留汙痕。因潤髮乳有助減少靜電產生，亦可避免灰塵堆積。

 收納TIP

電腦主機可當作記事板

因電腦主機具有吸附磁鐵的功能，若各位的主機是放在桌上，不妨將代辦事項、發票、或便條紙吸附主機表面，方便又不容易遺失。

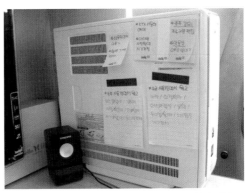

▲ 只要利用磁鐵，就能將各式紙張貼於主機板上，創造令人意象不到的記事空間。

◀ 也可直接在便利貼的背面，黏上磁鐵，就能吸附於冰箱或電腦主機上，方便使用。

❷ 使用吸塵器清潔電腦

　　現今社會，從網路購物到各項作業，均會大量使用電腦，但卻似乎有許多人不知該如何清理電腦，使其成為髒亂的來源。現在，一起來看看快速清理電腦的方法吧！

1 用毛刷吸頭的吸塵器，將螢幕後縫隙裡的灰塵全部吸除乾淨。

2 以相同方法，將堆積在主機通風口上的灰塵，也一併清除乾淨。

3 將鍵盤翻過來敲一敲，清除鍵盤縫隙裡的髒汙。

4 以超細纖維布，沾取些許消毒酒精，仔細地擦拭鍵盤的外觀。

　　TIP▶ 也可用白醋或米酒，清潔效果亦佳。

5 用棉花棒清理鍵盤間的縫隙，即完成電腦整體的清潔工作。

讓好運上門的
玄關‧客廳‧浴室收納法

玄關、客廳和浴室是全家人共同使用的空間，因此，收納的重點，即是要讓所有人皆能方便使用，這才是最理想的收納方法。現在要和大家分享玄關、客廳和浴室的收納整理術。當代表家的門面整理乾淨後，好運也會不斷上門哦！

玄關與鞋櫃

玄關，等同家的門面，也是決定客人第一印象的重要場所。若能從玄關處開始，就呈現整齊舒適感，我想必定能給對方賓至如歸的感覺，留下好印象。

1 玄關口

玄關是進入屋內的第一道入口，有鑑於此，請妥善整理收納，說不定能招來福氣。下列將介紹玄關入口的整理重點：

❶ 鞋子：數量請勿超過家中人口數

進入家門時，若鞋子亂七八糟地成列在玄關處，看起來會十分雜亂。為了使玄關入口簡潔俐落，建議玄關處的鞋子，只擺放等同家族成員人數的數量就好。

收納TIP

也可將鞋子收進玄關處的凹槽，看起來更乾淨清爽。

▶ 擺放於玄關處的鞋子，請依家族人數決定，避免雜亂。

❷ 電箱：**使用相框或畫作遮擋**

大部分的家庭，玄關入口處都有電箱，容易影響美觀。因此，不妨掛上有風景、花或樹木的相框或畫作，遮住電箱，即可美化環境。此外，基於安全考量，請選擇沒有玻璃或材質較輕巧的相框。

▲ 用相框或畫作遮擋電箱，即可打造乾淨俐落的玄關入口。

❸ 玄關門：**可掛風鈴，確認家人進出**

若以風水裝潢的觀點，在門上掛風鈴，當家人返家時，可為其洗去黴氣。若以實際作用而言，透過開關門所響起的悅耳聲響，可得知是否有人外出或返家，方便又安全。

▲ 透過風鈴的鈴響聲，可確認是否有人出入，提高安全性。

❹ 玄關入口處：**吊掛收納鉤**

孩子們放學返家後，總是將鞋袋或便當袋亂扔；除了立即提醒外，若能給予孩子主動整理的動機與環境，亦可培養好習慣。因此，只要善加利用衣架製作多功能收納鉤，掛於玄關入口，便可解決此問題。

1 用虎頭鉗將衣架剪成適當長度，再彎成圖❶的形狀。

2 切口處尖銳易刮手，因此可準備吸管或電線護套，將它們套在衣架尾端。

3 將護套剪成適當大小，再用打火機燒一下，使之密合。

4 將掛鉤掛在鞋櫃的門把上，就能將鞋袋或其他物品掛於上方收納。不過，切記不要越掛越多，否則看起來會更凌亂，失去原有收納的意義。

2 鞋櫃收納

　　若家族成員多，鞋子的數量就會相當可觀，要在有限空間的鞋櫃內，收納全家人的鞋子並不容易。因此，只要掌握下列重點，就能輕鬆整理鞋櫃。

❶ 依家人習慣，分格收納

　　整理前，若能決定「爸爸的鞋」▶「媽媽的鞋」▶「女兒的鞋」▶「兒子的鞋」等區域分配，就能縮短尋找鞋子的時間。若因鞋子太多難以收納在同一空間，建議將常穿的鞋子放在鞋櫃裡，較少穿的鞋子則放在外面，藉此提醒自己是否應該淘汰較少穿的鞋子，避免鞋子越堆越多。

▲ 鞋子放進鞋櫃時，請前端朝外擺放，看起來較整齊，容易找到想要的鞋子。

❷ 新增鞋架，創造空間

　　如果鞋子真的很多，建議重疊收納。可使用鮮乳瓶的把手，當作重疊的支架，就能輕鬆收納多雙鞋子。

▲ 當鞋子的左右腳採水平收納時，只能擺一雙，較占空間。

▲ 利用鮮乳瓶將鞋子重疊收納，同樣的空間就能多收兩雙鞋，提高鞋櫃的使用效率。

▲ 將塑膠鮮乳瓶的把手剪掉，單獨留下瓶身即可。

▲ 將其中一隻鞋子放進塑膠鮮乳瓶，另一隻則疊在上方，即可節省收納空間。

收納TIP

如何用鮮乳瓶製作鞋架？

依圖中的紅色虛線處，將鮮乳瓶的部分剪下，就能當作鞋架，善加利用。

❸ 長靴和雨鞋的收納？

長靴和雨鞋並非一年四季都會穿的鞋子，但因其體積大，較佔空間。因此，建議將長靴疊在一起，並放進購物袋中，就能有效節省空間，同時達到防塵及變形功效。

▲ 將購物袋的手提繩替換至側面，就能當作抽屜使用，輕鬆拉出靴子。

▲ 靴子內可放報紙，既防潮又能防蟲，還能支撐鞋體。

▲ 將靴子倒過來再放進購物袋中，除能保持靴子的整潔，也較不佔空間。

收納TIP

利用文件架收納靴子

為方便拿取，將冬天常穿的靴子疊放在文件架內，就可輕鬆拿取。待冬天結束後，可直接將靴子連同文件架，一併放進購物袋內保存即可。

❹ 鞋子被雨淋濕時，如何處理？

　　若將淋濕的鞋子任意擺放，通常到了隔天也不會乾；若直接穿上，更容易產生異味，無益於足部衛生。因此當鞋子淋濕時，建議將報紙揉成一團再放進鞋內，就能將水分吸乾，並保持鞋子的形狀。

▲ 請將報紙揉成一團後，再放進鞋內，吸水又可防止其變形。

▲ 將報紙捲起後放在鞋櫃的某一角，即可防蟲又防潮，並消除鞋櫃內的異味。

❺ 如何活用鞋櫃內的剩餘空間？

　　鞋櫃除了收納鞋子，也能存放雨傘、鞋油或鞋刷等物品。現在，就來了解其餘物品的收納方法吧！

▲ 將螺絲依照種類大小，分別裝進夾鍊袋裡，再存放於抽屜式的收納箱，方便尋找。

▲ 也可將經常使用的物品，收在鞋櫃的某一處，需要時即可輕鬆拿取。

▲ 登山鞋因體積較大，不易重疊，建議平放於鞋櫃，再利用剩餘空間，擺放收納盒，存放鞋油、鞋刷等物品。

⑥ 如何輕鬆收納雨傘？

　　各式雨傘的長短不一，若是另外個別收納，容易佔用空間。因此，只要將較長的雨傘存放在零碎空間內，就不需額外尋找收納空間。

清潔TIP

如何消除鞋櫃內的異味？

　　報紙能吸附鞋櫃內的水氣；咖啡渣則能除臭。方法很簡單，將咖啡渣放進鞋櫃內，便能消除鞋子的黴味。此外，建議定期打開鞋櫃通風，也是除濕防臭的好方法。

▲ 可將長柄傘掛在鞋櫃門上，減少空間浪費。

▲ 若是多段式的摺疊小傘，可在鞋櫃的牆面上掛多功能掛鉤，再將雨傘掛起收納；其他同類型的雨傘則可疊放在文件架內，即可大量。

⑦ 如何收納直排輪鞋？

　　如果直接將直排輪鞋收進鞋櫃，開關門時容易因輪子而滑出。此時，只要在鞋櫃前做一個緩衝台，就能輕鬆避免。

▲ 開門時，直排輪鞋會直接滑出，相當不便。

▲ 選用與鞋櫃顏色相近的薄木片，貼於鞋櫃層架的前端，做成緩衝台，避免開關門時直排輪鞋滑出。

整理鞋櫃的 7 大重點

❶ 下雨時，可將報紙鋪在玄關處的地板，以防止地板被弄濕踩髒。待雨天結束後只要拿掉報紙，即可快速清理乾淨。

❷ 將報紙揉成一團，塞進被雨淋濕的鞋子內，可定型及除濕；若直接將濕鞋子收進鞋櫃，可能會發黴或發臭；若讓鞋子自然風乾，可能導致其變形。

❸ 輪流換穿多雙鞋子，可除菌及除臭，亦能延長每雙鞋子的穿著壽命。

❹ 外出返家後，務必將沾染於鞋子的泥土、灰塵抖乾淨，再放進鞋櫃中保存。

❺ 建議鋪報紙在層板上，再放入鞋子；除了防潮，清理鞋櫃時僅需替換報紙，非常方便。

❻ 綠茶渣、咖啡渣、小蘇打粉、木炭等物品，皆能作為鞋櫃除臭劑使用。

❼ 定期將鞋櫃門打開通風，能預防濕氣和異味。

 客廳收納

客廳是家人齊聚一堂，享受悠閒時光的地方，同時也是接待客人的場所，因此，除了客廳的裝潢外，收納也不能隨便。不過，該如何徹底運用客廳的空間呢？物品又該如何收納呢？一起來瞭解吧！

1 抽屜中放收納隔板

客廳的收納櫃，建議用來收納家人共同使用物品。此外，客廳的收納櫃通常比較淺，僅能收納體積小的物品，而正因為物品的體積小若沒有妥善收納，就更容易顯得雜亂。然而只要利用收納隔板，並妥善分類，就不用擔心無法整齊收納了，輕鬆將大大小小的雜物，收拾乾淨。

▲ 建議先用裝海苔的塑膠盒當作分隔，其餘空間再放入可調整長度的伸縮收納盒，以固定隔板，確實填滿空間。

▲ 其餘抽屜也以相同方式進行分隔，再擺入物品。

▲ 因使用可調整長度的伸縮收
納盒，即使物品長度不一，
也無須擔心無法整齊地收進
抽屜裡。

2 準備醫藥箱，存放常備藥品

通常家中會備有醫藥箱，以方便全家人使用。不過，箱中卻常常充斥著不知購買時間或藥效的藥品。因此，除了準備藥箱外，也要懂得如何使用藥物，並注意保存期限，讓藥箱發揮真正的作用。

▲ 將保健食品、醫療用品和醫藥箱等，集中收
納在客廳的櫃子中，方便全家人拿取使用。

▲ 收納櫃裡有醫藥箱、熱敷機、按摩機等家庭
常備物品。

 收納TIP

請務必讓全家人知道，急救醫藥箱的收納位置
家中常備醫藥箱的目的，是為了應變日常中可能
發生的意外狀況；因此，務必讓全家每一位成員，都
能確實掌握醫藥箱的擺放位置，以利隨時使用。

❷ 分門別類，收納藥品

　　原則上，常備藥品包括：感冒藥、退燒藥、止痛藥等，只要常備於藥箱中，緊急時就能派上用場。

▲ 準備常備藥品並加以分類整理，需要時可立即使用。

▲ 將使用後剩下的紗布，收納在夾鏈袋裡，以保持乾淨、不受汙染。

❸ 採用直立式收納，避免誤用

　　在藥箱中放置收納隔板，不僅利於藥品分類，也可清楚辨識，避免誤用。此外，保存藥品時，請務必注意使用期限和說明書。此外，為了避免已開封使用的藥物彼此碰撞，建議連同包裝盒一起保存。

▲ 善用優酪乳罐，做成收納隔板。

▲ 將散裝紗布或藥物立起保存，避免雜亂。

▲ 用密封條夾住已開封使用的貼布，可防止氣味散出，以利保存。

▲ 將溫度計等專業工具，與原有的包裝一起存放，才能長久保存，延長使用期限。

藥物的保存＆使用法

如何塗藥膏？

　　如果直接用手塗抹藥膏，可能會因為手中的細菌而引發二次感染，因此最好使用棉花棒塗抹藥膏。另外，使用過的藥膏軟管會產生缺口，建議連同說明書一起放進原來的盒子中保存較佳。

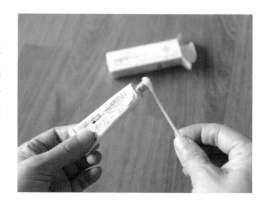

藥物的使用方法與保存方式

- 包裝未拆封的藥物，其保存期限約 1 ～ 2 年，服用前請特別注意。
- 建議糖漿開封 1 週後，若未服用完即丟掉。
- 藥膏的使用期限約是開封後的 6 個月內。
- 眼藥水的使用期限約是開封後的 1 個月內，超過 1 個月請勿使用。
- 點眼藥水時，要注意軟管尾端不要接觸到眼睛，避免感染。
- 使用眼藥水時，請務必只讓患者本人使用該罐眼藥水，以防交叉感染。
- 一旦治療結束，建議立刻丟掉醫師所開立的藥物。
- 購買藥物時，應立即在包裝紙上記錄購買日期，並同時記下開始服藥的日期。
- 請將療程結束的藥品，拿至鄰近藥局回收，切勿隨意丟棄，以免造成環境汙染。

◀ 請務必遵照醫師的
　 指示，正確用藥。

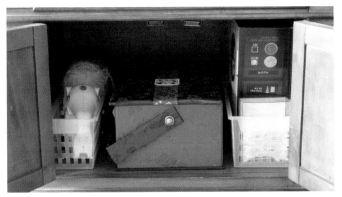

▲ 將針線盒放在客廳收納櫃中，方便全家人使用。

3 針線盒請放在客廳

　　一般家庭通常會將針線盒放在臥室，不過我建議，將其移至客廳的收納櫃中。這樣一來，當在客廳摺衣或熨衣時，若需要修改衣服，便能馬上使用工具，無需再走去臥房中拿取，更方便省力。

▲ 雖然立起收納較方便找尋，但礙於空間不足，於是改成上下層收納。

▲ 不同以往家庭，現在不太需要「縫紉」的工具，因此，只要準備基本工具即可。

▲ 準備線、針、剪刀、線剪、拆線器、針插、針插包、皮尺、縫紉粉筆等。

▲ 若沒有適用的收納隔板，可另外購買透明托盤，放在針線盒裡使用。

◀ 運用聯想收納法，將除毛球機、毛線等相關物品，與針線盒收納在一起，方便使用。

▲ 選用相同大小的收納盒，再放入膠帶、家電產品使用說明書等物品。

▲ 請務必在收納盒前標示內容物名稱，以利分類和找尋，也可避免翻找時弄亂。

4 茶几下可放各式家電遙控器

大家都將什麼東西放在沙發旁的小茶几呢？我習慣將看電視或打電話時所需要的物品，例如遙控器、原子筆和便條紙等，收納於茶几下方。雖然物品零散，但只要掌握幾項重點，也能保持乾淨整齊。

▲ 電話旁可備月曆、便條紙、原子筆、外送菜單等物品。

▲ 在桌上型月曆中間做一個小盒子，將便條紙和原子筆等雜物收納於此，需要時可立即使用。

▲ 將透明塑膠資料袋剪成適當大小，加裝於桌曆的最後，可當成雜物的收納袋。

▲ 可將帳單、收據，或笑話、名言佳句等放在資料袋內，增添生活樂趣。

▲ 將電話簿、優惠券等，打電話時經常會需要的物品，放在電話旁的抽屜裡。

▲ 將外送傳單夾在相簿裡，並依食物類別分類，使用時可立即取出，快速方便。

▲ 利用廢棄紙盒，製成遙控器收納盒，放在茶几下方。

 收納TIP ....

遙控器放牛奶盒，集中收納

　　不論是電視、DVD、冷氣等家電用品，幾乎都有一支遙控器。若沒有妥善收納這些遙控器，需要時就必須到處尋找。因建議各位可利用廢棄紙盒，製作遙控器收納盒，統一收納、集中管理，需要時就再也不用四處尋找。

1

▲ 將牛奶盒縱向剪開，再互扣，做成一個較扁的盒子。

2

▲ 以相同方式做出三個扁盒子，並黏在一起。

3

▲ 找一個較大的紙盒，並以漂亮的色紙稍加包裝，再將步驟2的三個扁盒放入。

4

▲ 需要清理大紙盒裡堆積的灰塵時，只要替換藏在裡頭的分隔扁盒即可，非常方便。

▲ 浴室內若有過多的開放式收納架，會不經意擺放許多雜物，看起來亂七八糟。因此，建議減少浴室內開放式收納架的設計。

浴室整理

　　浴室因潮濕、易生黴菌；因此，若沒有加強通風，即使再乾淨，也會因黴菌和水漬而髒亂。為此我建議，擺放必備的基本物品即可，避免將過多雜物堆積於浴室內，保持通風。

1 收納櫃以隔板分類

　　除了牙膏、牙刷、沐浴乳等每日必須使用的物品外，我建議將其他相關物品，統一收進櫃中，以遠離濕氣，避免發霉。

▲ 將基本的清潔用品，放在較淺的收納盒裡；且將矮小物品放前面，才方便拿取後方物品。

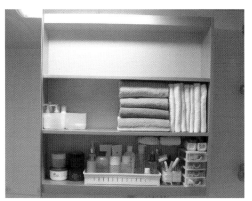

▲ 浴室收納櫃多分為三層，建議將毛巾摺疊好，收進方便拿取的中層。另外，梅雨季時，可用快乾毛巾取代一般毛巾使用，以節省乾燥時間，更方便。

▲ 浴室內的三角置物架，建議除洗髮乳、潤髮乳、沐浴乳外，不再擺放其他物品，以免凌亂。

▲ 經常使用的馬桶刷和清潔菜瓜布，可掛於馬桶旁，無需額外準備收納盒，以保持其通風乾燥。

▲ 只要改變菜瓜布架的方向，
就能將髮帶和浴帽收納在層
板下的零碎空間。

▲ 將面膜、卸妝乳等，收納於
自製收納盒中。也請記得標
示有效期限，避免過期。

▲ 將清理浴室時會使用到的清潔劑，整齊排列於其餘的收納空
間中，方便隨時使用。

收納TIP ....

衛生紙易受潮，建議收納於通風處

我們家的「浴室收納櫃」裡只有一捲捲筒衛生紙，因為其吸
水力強，而洗手間的濕氣重且細菌多，所以應盡量避免將衛生紙
和衛生棉等亦潮濕的物品，大量收納於此。

....

▲ 衛生棉屬於易受潮的物品，為
避開水分和細菌，我會於生理
期期間準備需要使用的用量，
並將其放進加蓋的容器內，再
放進浴室中使用。

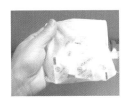

▲ 可將食品包裝袋內
的乾燥劑曬乾，再
放進衛生棉收納箱
中，有助防潮。

▲ 也可用牛奶盒當作收納盒使
用，非常方便。

▲ 卸妝時使用的化妝棉和棉花
棒等，屬於易潮濕的物品，
建議另行準備小型抽屜櫃，
妥善保存收納。

衛生棉不宜放在洗手間,請存放於通風處

　　原則上,女性生理期時的身體機能減弱,導致抵抗力降低,容易感冒。因此,衛生棉的使用清潔與保存方法,也顯得格外重要。因為唯有保存乾淨,使用時才能確保衛生。

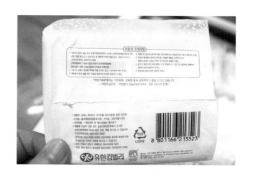

❶ 注意有效期限

　　一般而言,衛生棉的有效期限是自製造日期算起的 36 個月內,存放越久,表示其暴露在細菌中的危險性也越高。因此,請盡量使用製造日期不超過一年的衛生棉。

❷ 留意保存方法

　　我們通常會以方便使用為藉口,將衛生棉放在洗手間,卻忘了此處容易受潮,而使得衛生棉滋生細菌。錯誤的保存方式會使衛生棉受汙染、變質,進而引發衛生問題,需特別留心。

如何製作馬桶蓋把手?

　　雖然已經將馬桶清理乾淨,但仍會殘留許多細菌。如果覺得每次掀馬桶蓋很不衛生,要不要試試在馬桶蓋上做一個把手呢?

▲ 首先準備一個市售常見的雙瓶飲料連接拉環;將其中一個拉環剪下。

▲ 在中間連接處,黏貼雙面膠或熱熔膠。

▲ 撕掉雙面膠的黏貼面後,再貼到馬桶蓋背面。

▲ 馬桶蓋掀蓋把手,即完成。

▲ 用手指就能將馬桶蓋輕鬆掀起,方便又衛生。

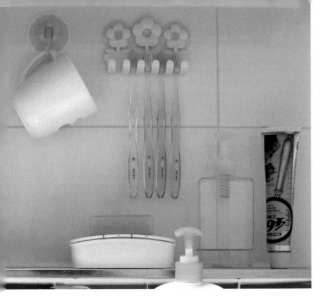

▲ 洗手台上只放牙刷、牙膏、漱口杯等必需用品。

😊 清潔TIP ·········

慎選抹布,避免殘留水漬

建議使用超細纖維抹布,較不易殘留水漬或汙痕。

◀ 可用吸盤和衣架,將清潔用抹布,收納於浴室門後方。

2 洗手台放收納盒,存放雜物

洗手台主要用來洗臉或洗手,同時也是牙刷、洗手乳等浴室雜物的收納空間。正因如此,若沒有善加規劃,洗手台非常容易雜亂。現在,就來瞭解收納洗手台的重點吧!

▲ 利用4個優酪乳罐和1個寶特瓶,自製多功能收納盒。

▲ 肥皂易受水氣影響發泡變形,可將橡皮筋套在肥皂盒上,就能讓水分快速瀝乾,維持肥皂的乾爽狀態,避免變形。

Before

▲ 若多功能收納筒內沒有收納隔板,雜物容易混在一起,不方便拿取。

After

▲ 利用四角形的優酪乳罐做隔板,加以分格收納,美觀又好拿。

😊 收納TIP ·········

多功能收納盒的其他用途

也可將其擺放在書桌或化妝台上使用,美觀方便。

2 利用果汁瓶，自製牙膏架

由於市售的牙膏架並不適用於我家，因此我決定親手製作。利用四角形的果汁瓶，就能輕鬆製作牙膏架，相當容易。大家一起來試試，製作方便衛生的牙膏架吧！

1 準備一個小容量的方形果汁瓶，並將其標籤貼紙清除乾淨。

2 用美工刀沿著底部凹線割開，接著再以剪刀稍微修飾邊緣，避免刮傷。

3 用美工刀在果汁瓶側面挖一個小洞，以便塞進橡膠吸盤。

TIP▶ 建議洞可挖小一點，才能確實固定橡膠吸盤，不易掉落。

TIP▶ 塗抹些許蛋白於牆壁上，可讓橡膠吸盤黏附得更牢固。

4 將橡膠吸盤塞進洞口裡。

5 將橡膠吸盤黏在洗手台的磁磚上。

 清潔TIP ....

先泡水，快速清除標籤貼紙

本書大量使用廢棄空瓶、空罐當作收納用具。但瓶身上的標籤貼紙卻不容易清除。事實上，若是以膠水黏貼的貼紙，只要將瓶子泡在水裡，就能輕鬆將貼紙和瓶身分離；若黏性較強，則用吹風機加熱即可清除。

若仍有些許殘留痕跡，可噴些殺蟲劑，待 5 分鐘後貼紙溶解後，再用菜瓜布擦拭即可。

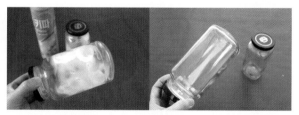

▲ 利用一些小道具，就可將瓶身外的包裝紙，徹底清除乾淨。

如何收納牙刷，避免汙染？

牙刷若未整理，其滋生的細菌比馬桶還多。若使用已被細菌汙染的牙刷，甚至會引發牙周病和口臭，牙齒越刷越髒。現在，就一起來認識衛生又正確的牙刷整理術吧！

❶ 個別擺放

相較於將使用中的牙刷全部放一起，我建議個別擺放，也就是讓每一隻牙刷的刷頭都分開。刷頭若全部混在一起，只要其中一隻被汙染，細菌就會立刻轉移至其他牙刷上。尤其，洗手間濕度高，且刷毛縫隙小，水氣不易晾乾，更容易滋生細菌。因此請務必將牙刷分開擺放，並讓刷頭朝上。

▲ 將全家人的牙刷放在同一個杯子裡，若其中一隻汙染，細菌便容易快速繁殖滋生，感染其他牙刷。

❷ 定期更換

使用三個月以上的牙刷，其刷毛會分岔，不僅失去牙刷的清潔功能，對牙齒衛生也不好。因為當刷毛分岔後，其彈力就會消失，使得牙齒刷不乾淨，同時也可能會導致牙齦受傷。此外，感冒時使用的牙刷，請在康復後全部更換，防止感冒病毒殘留於牙刷上，影響健康。

▲ 牙刷各別保管，並讓刷頭朝上，以便瀝乾水分。此外請將牙刷放在開放式空間，以利通風。

❸ 定期消毒殺菌

除了定期更換外，牙刷也必須每週殺菌一次。只要將牙刷浸泡在溶有海鹽的溫水裡，約5分鐘即可。不過，太熱的水會導致牙刷變形，請特別注意水的溫度。此外，放在微波爐裡微波1分鐘左右，也能達到殺菌效果；或是亦可放在日曬充足、通風良好的窗邊進行紫外線消毒。

▲ 將牙刷放進微波爐中，徹底加熱消毒殺菌。

▲ 將牙刷泡在溫熱的鹽水中，亦可達到不錯的殺菌功效。

▲ 也可以將牙刷放在陽光充足的地方，進行紫外線消毒，效果更好。

浴室首重乾淨、防霉

　　浴室是每天必須使用的地方，請務必打掃乾淨；而其打掃重點就是馬桶、洗臉盆和蓮蓬頭。可利用小蘇打粉、檸檬酸、牙膏等，就能防止黴菌滋生，維持乾淨。

馬桶

　　據說沖馬桶時若將馬桶蓋掀開，細菌會因水壓影響衝至6～7公尺高，瀰漫於空氣中；此外，若沒有妥善清潔，不僅會滋生細菌，還會散發異味，甚至危害身體健康。

1 請先準備小蘇打粉、白醋和清潔刷。接著將小蘇打粉和白醋充分混合備用。

2 用清潔刷沾取清潔液，刷洗馬桶蓋內側。至於細微部份，可改用牙刷清潔。

3 若使用馬桶洗淨機，請先將機器拆除再清潔。

4 利用馬桶專用刷，將出水口的每個角落刷洗乾淨。

5 建議利用菜瓜布刷洗排汙口，並盡量將手伸至深處仔細刷洗，其成效會比使用馬桶專用刷好。

6 用牙刷上沾取清潔液，仔細刷洗馬桶洗淨機的噴嘴等細微部分。

 收納 TIP

如何製作天然清潔劑？

　　將粗鹽和白醋（檸檬酸）以等比或 1：2 的比例稀釋，就是環保的天然清潔劑。雖然功效可能會比市販的清潔劑弱，但安全性高又環保，即使天天使用也不傷手，同時也能愛護地球。

蓮蓬頭

蓮蓬頭是僅次於馬桶，含菌量第二多的浴室物品。因此，清理蓮蓬頭時，先將等比的小蘇打粉和檸檬酸（白醋）溶於水中，再將蓮蓬頭泡在水中，過一段時間後再以牙刷和清水洗淨，如此便能去除水漬並達到消毒作用。

 若檸檬酸的酸性成分殘留於不鏽鋼中，可能會導致腐蝕，請務必徹底以清水洗淨。

如何清除磁磚縫的黴菌？

將小蘇打粉和檸檬酸（白醋）混合，做成果凍般的糊狀物後，再以牙刷沾些許清潔劑，塗抹再磁磚縫隙內；靜待 30 分鐘到 1 小時後再以清水沖洗，就能清除黴菌了。切記，請務必以清水徹底沖淨，若小蘇打粉殘留於其中，將成為細菌滋生的養分。另外，頑強黴菌難以靠天然清潔劑完全清除，所以我建議即早清理，輕鬆省力。而浴室拖鞋，也可以相同方式清除水漬。

洗手台

洗手台是容易殘留水漬和肥皂漬的地方，只要使用洗髮乳、沐浴乳、洗面乳等物品，就能輕鬆去除。首先在牙刷上沾取少許牙膏，再仔細刷洗水龍頭縫隙的每個角落。至於排水口，也可用沾有牙膏的牙刷乾淨。另外，每天睡前將白醋噴在水龍頭出口的濾網上，待隔天早上開水清理即可清出許多水垢殘留物，此時再用乾抹布擦拭即可。

如何預防浴室的磁磚發霉？

每天待全家人洗完澡後，以「玻璃刮水器」或「汽車刮水器」刮除水氣，就能防止黴菌滋生。另外，磁磚乾燥時，也可將蠟燭塗抹在其縫隙裡，因受到石蠟的保護，不容易積水，具有絕佳的防水功能。但最佳的辦法，仍舊是保持浴室的空氣流通，更能有效抑制黴菌生成。

③ 坪數再小也無妨！ 洗衣間 & 陽台的收納法

一般的洗衣間或陽台，常因家中坪數有限，偶爾也會被充當雜物間使用，較易雜亂。話雖如此，只要妥善利用零碎空間、收納櫃與掌握整理要訣，也能輕鬆維持整潔乾淨。現在，一起來看看小坪數的魔法整理術吧！

洗衣間整理

若採用開放式的層架收納，開窗晾衣時，容易使外頭的灰塵堆積在物品上。因此，我建議添購收納櫃，採用隱藏式收納，才能大幅減輕打掃和收納的辛勞。

1 衣架請倒掛，方便使用

衣架如果沒有妥善整理，容易混亂，往後要使用時會相當不便。建議可在洗衣機附近，吊掛方格網，並使用方格網專用掛鉤，將衣架統一倒掛於此，整齊收納及方便使用。

▶ 一般舊式公寓的收納空間較少，建議可另行加裝隱藏式收納櫃。

▲ 將衣架倒掛，拿取更方便。

▲ 洗衣機附近的牆壁上，加裝方格網。

清潔 TIP

插座加裝防塵蓋，避免走火

可用優酪乳的瓶蓋遮住洗衣機旁未使用的插座，就能保護插座，使其遠離灰塵，避免走火。另外，不妨在優酪乳罐的瓶蓋上挖洞，再穿進束線帶做成把手，更方便使用。

收納 TIP

衣架統一吊起收納

建議將家中的衣架，集中吊掛於方格網上，不僅好收好拿，也無須佔用額外的收納空間，亦提升使用時的方便性。

2 加裝櫃子，收納洗衣物品

　　我將洗衣間的水槽拆除，僅保留原先水槽下方的櫥櫃，當作隱藏式收納櫃使用。不同於一般家中的洗衣間，多半是開放式層板，若洗衣間有隱藏式收納櫃，就能收納洗衣相關的用品與其他雜物，美觀又實用。

▲ 收納櫃的右側空間，擺放洗衣用的清潔劑、洗衣網等物品，整齊摺疊於收納籃中。建議選用較長的收納盒，可放置較多物品。

▲ 選用有把手且大小相同的收納籃，使其重疊置於收納櫃上。而下層洗衣籃裝深色衣物，上層洗衣籃則裝亮色系衣物，清楚分類，避免洗滌時相互染色。

收納TIP

如何收納塑膠袋？

　　將塑膠袋摺成長方形打結，就能縮小體積，減少佔用空間。

▲ 用衣架做 S 形的掛鉤，吊掛於收納櫃旁。

▲ 將塑膠袋掛在收納櫃的門板上，充當家用垃圾袋使用。

如何摺出方整的塑膠袋？

我們通常會將塑膠袋大略捲起，集中堆在角落，但塑膠袋因含空氣，堆疊後易膨脹，體積較大占空間。因此，建議整理塑膠袋時，請盡量縮小其體積，並逐一摺好收納；如此不僅整齊，要分辨塑膠袋的大小也較容易。

▲ 將皺成一團的塑膠袋攤開。

▲ 分成三等分，往中間摺起。

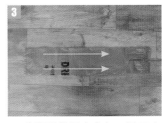

▲ 若塑膠袋裡有空氣，將不容易摺平整，因此，請沿著箭頭方向，排出塑膠袋裡的多餘空氣。

▲ 將塑膠袋分成兩等分對摺。

▲ 再分成三等分，往中間摺起，塞進縫隙中固定。

▲ 將所有塑膠袋，都以相同方式摺疊整齊，就能輕鬆分辨其大小。

▲ 將摺好的塑膠袋整齊地放進收納盒裡；專用垃圾袋也可用相同方式進行整理。

▲ 也可將收納盒吊掛在收納櫃門板上，需要時方便取用。

3 洗衣機旁，加裝收納櫃

　　不妨在洗衣機旁，加裝一個大型收納櫃，不僅能收納雜物，也能擺放洗衣相關物品，如清潔劑、肥皂等。每次洗衣服時，就不用從家中各處找出需要使用的物品，省時方便。

 收納TIP

　　若空間許可，建議可加裝 2 ～ 3 個收納櫃，並內建分隔層板，以利依用途分類，妥善收納。

▲ 收納櫃外擺放粉狀清潔劑和液狀清潔劑。為了掌握液狀清潔劑的使用量，建議將清潔劑放入按壓式的容器中，再依照按壓次數確認使用量。

▲ 將小蘇打粉、檸檬酸等粉狀清潔劑，裝進密封型的調味盒裡，可防止受潮變質。

▲ 其中一個收納櫃，可擺放全新物品和偶爾會用到的器皿。

▲ 另一個收納櫃則擺放掃除用品。

▲ 在收納櫃的地板上做一個緩衝台，並加裝塑膠桌角，擺放較難收納的洗衣盆、肥皂等物品。

▲ 收納櫃的桌角處，可貯存馬鈴薯等需避免陽光直射的食材。

▲ 用束帶連接兩個收納盒，就能當作長抽屜使用；即使收納空間較深，也不用擔心不好拿取。

➊ 洗衣間入口的收納櫃

　　由於大部分家庭的洗衣間入口處的收納櫃，多與廚房的動線相連，因此也適合用來收納廚房相關物品。

▲ 加裝可調整大小和高度的置物架，眾多的鍋子就不用重疊收納。

▲ 可配合鍋子的大小，調整收納置物架的高度。

▲ 將不常使用的大型鍋具和庫存廚房紙巾等用品，收納於此。

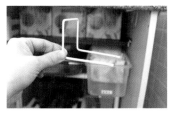

▲ 將衣架彎成 L 形書架，用以避免柔軟的包袱巾倒下，維持整齊。

▲ 將逢年過節時才會用到的包袱巾，放入加蓋的收納容器裡，避免沾染灰塵，需要時立刻就能使用。

收納TIP

如何用衣架做「L形書架」？

　　採用直立式收納時，整理好的物品容易因開關抽屜時而倒下。此時，只要利用 L 形書架，物品就不會倒下。作法如下：

▲ 如圖，將一字形的衣架彎成 L 形。

▲ 再將 L 形的衣架彎成匸字形。

▲ 依可方便使用的長度，在匸字形衣架上彎出直角即可。

▲ 衣架的尾端可套上吸管再裁剪適當長度，避免刮傷。

❷ 靠近洗衣機旁的收納櫃

此收納櫃主要用來收納洗衣服時所需要的物品。

▲ 將零碎物品收納於門板上，不僅使用方便，亦可充分活用門板內側的收納空間。

▲ 放入數個大小相同的收納盒，以利分類。

▲ 保留用完的洗衣粉包裝，用來分裝天然清潔劑；利用其外包裝的一致性，打造整齊俐落的外觀。

▲ 將未使用的洗髮乳、沐浴乳、洗衣粉等物品，確實分類保存。

▲ 若將環保袋直接放在地上，易長水垢，建議在窗框邊掛上衣架掛鉤，將其掛在上方。

 陽台整理

　　陽台除了可曬衣外，部分家庭會在此放置空調壓縮機、大型家電等物品。雖然此處是家人們鮮少活動的地方，容易堆滿雜物。但據說堆滿雜物的倉庫，會影響家中的「氣」。因此唯有將家中每個角落都收納整齊，才能保持運勢。

▼ 一般家庭的陽台，多半收藏不常用的物品，但只要收納得宜，亦能輕鬆保持整潔。

▲ 上層收納冰櫃、電風扇或戶外專用涼蓆等，特
定季節才會用到的物品。

▲ 購買相同尺吋的收納籃，整理
時才能省時、省力又美觀。

▲ 下層利用箱子進行分裝收納。建議使用產品的
原包裝收納；若原包裝已丟棄，也可利用大型
紙箱收納。

▲ 將經常使用的物品，放入大小
適中的抽屜櫃中，如此一來，
不用將上層的物品拿出，也能
輕鬆拿取位於最下層的物品。

如何利用大型紙箱，進行收納？

若想將物品集中收納於箱中，建議選用相同大小的紙箱，外觀會更整齊。因此，可利用大型水果紙箱，回收再利用，其材質厚實，相當耐用。

▲ 將水果紙盒剪開，分成箱子與蓋子兩部分。

▲ 因為要相互重疊，所以即使蓋子打通也無妨。

▲ 若真的需要完全加蓋，只要將底部多餘的紙箱剪裁，補於此缺口即可。

▲ 裁切掉蓋子上的圖案，就與市售的收納箱別無兩樣。

▲ 只要統一收納箱的大小，不僅容易整理，也十分美觀。此外建議在箱外貼標籤，方便尋找物品。

···

▲ 若陽台有空調壓縮機，可利用吊掛S形掛鉤，將購物袋或摺疊式曬衣架掛於此。

▲ 將白米、鹽巴等重物收納在陽台時，可放在加裝滾輪的花盆架上，方便輕鬆移動。

▲ 利用塑膠繩交叉打結後，就能將籃球等球狀物品掛於牆面上收納，避免滾動凌亂。

家事祕技 3　自製環保清潔劑

　　市售清潔劑雖具備超強清潔能力，然而其成分包含活性劑、磷酸鹽、人工香料等添加物，使用後若未徹底清洗乾淨，不僅有害身體健康，同時也會危害自然環境。為了家人的健康並維護地球環境，建議使用下列的環保清潔劑，才是守護地球的表現。

環保清潔劑 ❶：小蘇打粉

　　具有研磨、除臭、除濕、中和、軟水、發泡、膨脹作用的特性，並擁有洗滌、殺菌、除臭、除濕等功效。最重要的是，小蘇打粉屬於天然物質，就算變成生活汙水排出，也不會汙染水質，是最環保的天然清潔劑。

❶ 清洗不鏽鋼蒸盤

　　用於蒸煮料理的摺疊式蒸盤，非常容易因食物殘渣而沾上汙垢；不僅如此，即便使用洗碗精清洗，細微的洞口仍難以確實清除乾淨。此時，只要將不鏽鋼蒸盤泡在稀釋過小蘇打粉水裡，稍微煮一下，就能輕鬆去除汙漬。若汙漬頑強，可放入白醋（檸檬酸）和小蘇打粉一起滾煮，以增加洗滌力，輕鬆清理乾淨。

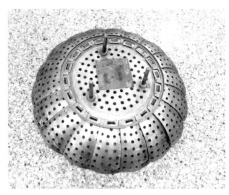

▲ 這是沾滿汙漬的不鏽鋼蒸盤，一個個的小洞中蓄積了許多汙垢。

▲ 將蒸盤放入小蘇打粉水中滾煮，可看到水明顯變黃，表示汙垢正在排除中。只要依汙垢的多寡，調整小蘇打粉的用量與滾煮時間，即可徹底洗淨。

清潔TIP

不可用來清潔，金屬與大理石材質的物品

　　小蘇打粉屬鹼性，因此使用於金屬、大理石等易發光的產品時，容易腐蝕。而因其具有研磨作用，使用完畢後，必須徹底以清水沖洗乾淨，避免殘留，腐蝕物品。

② 清潔燒焦的平底鍋

燒焦的平底鍋相當難清潔，必須花費一番功夫，才能徹底洗淨。因此，若是不鏽鋼材質的平底鍋，則建議可利用小蘇打粉清理。

方法很簡單，只要將溫水倒進燒焦的鍋中，再放入小蘇打粉，並用小火慢煮，再以軟菜瓜布或抹布擦拭，就能輕鬆去除燒焦痕跡。

▲ 這是被食物嚴重燒焦的不鏽鋼平底鍋。

▲ 放入小蘇打粉和水，再用小火煮至開，熄火後以軟菜瓜布擦拭，即能清除燒焦痕跡。

 清潔·TIP

多重複幾次，即可清潔乾淨

- 若燒焦於過於嚴重時，請反覆進行「小蘇打粉水煮開▶擦拭」的動作，直到徹底清除為止。
- 當不鏽鋼鍋具燒焦冒煙時，若因慌張而將鍋子浸泡在冷水中，不鏽鋼材質會發生褐變，且難以恢復原狀。若發生此情形，建議交給產品的售後服務中心處理較佳。

③ 清除水壺內的水漬

若是不鏽鋼材質的水壺，也可利用小蘇打粉、白醋和水清理。同樣以小火煮開後擦拭，就能清除附著在水壺上的水漬或汙垢。至於菜瓜布不易深入清潔的壺嘴，則可改用牙刷刷洗。

▲ 將水放入水壺中，再放進小蘇打粉和白醋一起煮開。

▲ 利用牙刷清洗壺嘴，就可徹底洗淨。

❹ 清除附著在餐具上的水漬

　　洗碗時若未徹底洗淨，水垢即會大量附著在餐具上。這時只要利用小蘇打粉，就能將水垢輕鬆清除。可用菜瓜布沾小蘇打粉後擦拭；或以溫水稀釋小蘇打粉後，再將全部需要清潔的器皿浸泡於水中，便能輕鬆去除附著在器皿上的水漬。

❺ 清理食物調理機的殘渣

　　使用過調理機人都知道，食物往往會從調理機的邊緣流下，時間一久，便會成為難以清除的乾汙漬。此時，只要在牙刷或抹布上沾取小蘇打粉，就能清除剛生成的汙漬；若是陳年汙垢，請同時沾取白醋和小蘇打粉擦拭，就能徹底清除。

▲ 小蘇打粉也能輕鬆去除器皿底部的水漬。

▲ 用牙刷仔細清洗每個角落。

TIP▶ 將水和蛋殼放入調理機中轉動，也能將調理機刀刃上的汙漬徹底清除。

❻ 擦拭門把上的手垢

　　近來人們多半將室內裝潢成白色，可讓室內看起來更寬敞，但其缺點就是容易髒，尤其是白色房門上的汙垢會更顯眼清楚。因此建議一旦有污垢，要立刻清除；若已是頑強汙垢，則可用超細纖維抹布沾取些許小蘇打粉擦拭。至於菜瓜布的潔淨力雖強，但容易破壞表層，產生凹陷，使得往後更容易堆積汙垢，因此務必使用超細纖維抹布擦拭。

▲ 用超細纖維抹布並沾一些小蘇打粉。

▲ 即便是頑強汙垢，也能徹底清除。

⑦ 處理氧化的耳環、銀飾

　　長期配戴的耳環，耳針會因沾到人體的皮脂而變綠，若無及時清除，耳環就會變色。但是，只要將變色的耳環浸泡在稀釋的小蘇打粉水中，5 分鐘後再用牙刷輕輕刷洗，綠色的汙漬就會消失，重現閃亮光澤。

TIP▶ 變色的銀湯匙或筷子，也可以相同方式清洗。

▶ 浸泡在稀釋過的小蘇打粉水中約
　5分鐘，再用牙刷清洗即可。

⑧ 加強拖把的清潔力

　　夏天時因會將家中門窗打開通風，故特別容易產生灰塵。若要用拖把一次就將家中地板徹底清潔乾淨，十分困難，此時可用稀釋過小蘇打粉的水，稍微清洗拖地布，就不容易沾染灰塵，汙垢也會更好擦，更省時省力。

▶ 在平板拖板上沾取些小蘇打粉使
　用，就不用一直清洗拖把，方便
　快速，又可節省體力。

　　原則上，鹽巴具有殺菌力和水分，並具有吸附功能，可用來清除布製地毯或椅子等物品的灰塵；亦可清理砧板、水瓶的殺菌等，是多功能的清潔劑。建議使用粗鹽或海鹽，其清潔效果會更顯而易見。

❶ 清理地毯

　　客廳的地毯容易長塵蟎和灰塵，必須多花點心思清潔。一般人清洗地毯時多半會委託專門業者，但清洗費用十分可觀。因此不妨利用鹽巴，徹底清理地板。只要將粗鹽均勻撒在地毯上，然後順著地毯的紋路擦拭，讓鹽巴滲入地毯中，約 30 分鐘後，待鹽巴吸附地毯上的汙染物質，再用真空吸塵器將鹽巴吸起，即清理完畢。

❷ 清洗布製椅子

　　孩子的書房椅多半是布製的，因此相當不易清潔乾淨。其實，布製椅的清潔方法與地毯相同，只要在椅子的布質部分上撒鹽巴，再用手擦拭抹開，接著用真空吸塵器吸起鹽巴即可。

▲ 將鹽巴撒在地毯上，再以手擦拭均勻抹開。

▲ 等待約 30 分後，再用真空吸塵器將鹽巴吸起即可。

▲ 將鹽巴撒在椅子上後搓揉，再利用真空吸塵器吸乾淨。

TIP▶ 結束後，記得將吸塵器裡的鹽巴去除，以防日後使用時故障。

❸ 清洗水瓶

　　由於手無法伸進水瓶深處，所以常使水垢堆積於內部。此時，只要利用鹽巴，就能將深水瓶徹底清洗乾淨。先在水瓶裡放入粗鹽和少許的水，再用刷子輕刷；若塑膠水瓶上沾有茶漬，則可放入鹽巴和少許白醋，再搖一搖，就能清洗乾淨。此外，我強烈建議各位，此種會對口飲用的物品，請盡可能採用天然的清潔方法，對健康較無害。

▲ 放入鹽巴和少許的水後充分搖晃，即可用於清洗，且清潔力非常好。

❹ 清理砧板

　　砧板是下廚時的必備品，若沒有好好清洗砧板，其沾附的細菌會比鞋櫃或洗手間的馬桶更多。尤其，各種細菌會在砧板上的刀痕裡滋生繁殖，因此請務必落實砧板的清潔工作。首先，帶著橡膠手套，將粗鹽和白醋平均撒在砧板上，再仔細搓揉，約 5 分鐘後再倒入約 80 度以上的熱水，以徹底消毒洗淨即完成。

TIP▶ 利用小蘇打粉和熱水消毒，清除砧板上的細菌。

◀ 將鹽巴和白醋灑在砧板上，再仔細搓揉。當鹽巴和白醋充分結合後，即是最天然的消毒劑。

請定期更換砧板

　　雖然砧板不像食物一樣有明確的保存期限，但因為切菜的緣故，容易產生許多凹痕，其凹痕便會成為滋生細菌的溫床，基於安全衛生，建議定期更換砧板。

　　尤其切肉、魚的砧板，其刀痕會陷得更深；因此若希望刀痕變少，建議當你切肉類或泡菜等食物時，將牛奶盒放在砧板上後再切，就可減砧板凹痕的產生，肉類或泡菜的氣味也不會吸附到砧板上，可延長使用壽命。

◀ 多墊一層牛奶紙盒再切食材，可延長砧板的使用期限。

這樣清潔砧板，最衛生

• 依食材種類，準備不同砧板

　　我們通常會在一個砧板上處理多種食材，但我建議至少準備兩個以上的砧板，可分成處理魚肉類的生食砧板以及處理蔬果等熟食的砧板等，明確區分，以確保食物衛生和砧板的清潔。

• 使用後的砧板，請置於陽光下

　　就算殺菌做得再徹底，也不會比以陽光消毒來得有效。因此建議將殺菌過的砧板放，在陽光再次充足消毒；或是置於通風良好的地方，待晾乾後再收起。

TIP▶ 僅以抹布將砧板擦乾收起，更容易滋生細菌，請特別注意。

米酒等酒類因含有酒精，具有分解脂肪的效果，可輕鬆清除油垢，同時兼備殺菌作用，適合當作油漬清潔劑使用。

❶ 清除油垢

酒類所含的酒精成分能分解脂肪，清除油垢。因此不妨將喝剩的酒裝進噴霧器裡，噴灑在瓦斯爐或抽油煙機的油垢上，待汙漬分解後再擦掉，即可清潔乾淨。

▲ 將酒裝進噴霧器後噴灑，輕鬆清除油垢。

❷ 去除新家具的氣味

雖然添購新家具時很愉快，但新家具總是會散發出一種刺鼻的特殊氣味。此時，可先將其打開通風，再用抹布沾酒擦拭。請注意，酒精可能會使家具表層的顏色褪色，建議簡單擦拭內部即可。

TIP▶ 若擦拭後仍有氣味，可將咖啡渣放進家具中，即可有效減少異味。

❸ 清除室內和衣服上的食物味

在家煎魚或烤肉吃後，屋內常會殘留食物味，這時可將喝剩的酒裝在噴霧器裡，噴一些在廚房或客廳，即可消除肉類或魚的食物味。此外，也能清除衣服或頭髮上，所吸附的烤肉味或菸味。

TIP▶ 衣服可能會因為材質不同，而導致接觸酒精後產生斑點，建議適量噴灑即可，並保持 30 公分以上的距離。

▶ 燒酒可清除煙味或烤肉等食物味道。

❹ 自製玻璃清潔劑

　　將酒和水以1：1的比例混合，再添加2～3滴的廚房清潔劑，就是萬用的環保清潔劑。使用方法很簡單，只要均勻噴在沾有汙垢的玻璃窗上，再用超細纖維抹布擦拭即可。

▶ 只要酒、水和少許廚房清潔劑，就能自製環保清潔劑。

環保清潔劑 ❹：白醋

　　白醋的酸性具有抑制細菌繁殖和溶解水漬的效果，也能徹底清除水漬。此外，它也具有軟水效果，可當作纖維柔軟劑使用。若覺得白醋昂貴，可以改用價格低廉的檸檬酸代替。檸檬酸與白醋一樣無色無味，非常適合用來打掃和殺菌。

❶ 電子鍋的消毒殺菌

　　建議各位選用天然的白醋，當作電子鍋的清潔劑。只要在電子鍋的內鍋裡放入約一杯水，再放入一大湯匙的白醋，再按下「自動清洗程序」，或「炊煮」鍵，20分鐘後再按「取消」鍵即可。此外，可用抹布沾取些許白醋，擦拭鍋蓋，最後再用乾抹布擦一次，即完成清潔消毒。

▲ 放入白醋和水，再按下炊煮鍵，就能清潔與殺菌。

▲ 請將鍋蓋分開清潔。

🛁 清潔TIP

電子鍋請用棉花棒清潔

　　除了電子鍋的內鍋外，其餘部分的清潔，如：蒸氣排出口、鍋體、壓力蓋等，亦不可馬虎。建議以棉花棒沾白醋徹底擦拭，若是連棉花棒都擦不到，請改用牙籤。

　　而電子鍋的外部，也請用沾有白醋的抹布擦拭，再以乾抹布擦乾，便可徹底清潔。

▲ 縫隙可用棉花棒清潔。

❷ 清潔微波爐

　　將白醋倒入碗中並放入微波爐內，加熱 4～5 分鐘，
待白醋煮開後，靜待 5 分鐘，利用其所產生的白醋蒸氣軟
化汙垢，最後再用乾抹布將內部擦拭乾淨即可。切勿直接
將白醋噴於內部及排氣口處的照明燈上，以免損壞機器。
此外，微波爐內部的轉盤支架和旋轉托盤，請分別拿出，
以清水清淨，並用乾抹布擦乾。待所有清潔工作完成後，
再將微波爐的門打開，使其通風，保持乾燥。

▲ 放入白醋後啟動微波爐。

TIP▶ 若以此方法仍無法清除頑強汙垢，請重複
此步驟，直到徹底清潔為止。

▲ 用乾抹布將白醋的殘餘水氣擦乾。

TIP▶ 微波爐用完後，請不要馬上將爐門關起，
因為它跟洗衣槽一樣，內部殘留的水氣可能會
導致細菌滋生，因而形成頑強汙垢。

▲ 拆開轉盤支架後，再用清潔劑洗淨並晾乾。

▲ 請勿將直接將白醋噴灑於微波爐內。

❸ 消毒玩具

由於孩子們容易將玩具放進嘴巴，因此請定期消毒玩具；利用白醋，就能達到消毒效果。若是積木等塑膠材質的產品，可浸泡在稀釋過白醋的溫水裡 10～20 分鐘，再洗淨；至於材質不能浸泡的玩具，則可以 1：1 的比例，混合清水和 5% 白醋，再用溶液擦拭。細微處也請以棉花棒確實清潔，最後以乾毛巾擦乾，就能除菌並減少靜電產生。

▲ 用布沾取白醋後擦拭。

TIP▶ 若白醋水噴太多，可能會因水分而滋生更多細菌，請適量噴即可。另外，若不方便進行日光消毒，也可用吹風機吹乾。

❹ 清除不鏽鋼鍋的彩虹紋

不鏽鋼鍋表面的彩虹紋或白色斑點，是因為水和氧氣接觸的瞬間，形成氧化薄膜所致。此時，只要用白醋輕輕擦拭，就能鍋子變乾淨。此外，洗完不鏽鋼器皿後，建議不要直接晾乾，而是要用乾抹布擦乾水氣，才能有效防止彩虹紋產生，維持光高感。

▲ 用布沾取白醋擦拭。

▲ 不鏽鋼鍋變得煥然一新。

❺ 清洗絨毛娃娃

白醋也可用來清除絨毛娃娃上的塵蟎。可先用羽毛球拍或寶特瓶拍打娃娃，使灰塵抖落，再以 1：1 的比例混合白醋和水，噴灑在娃娃上，最後透過陽光消毒曬乾，即可徹底清除塵蟎。

▲ 將白醋和水，以等比例混合，噴撒在娃娃上。

▲ 亦可放在陽光下消毒殺菌，能徹底清除塵蟎。

自製白醋清潔劑
1%白醋＝1公升的水＋2茶匙的白醋（約10公克）
5%白醋＝1公升的水＋10茶匙的白醋（約50公克）

❻ 白醋的其他用途

• 除泡菜味▶

可去除容器所吸附的泡菜味。方法很簡單，先在容器中裝滿水，再放入白醋，浸泡一個晚上即可。此外，若能用陽光曬乾，其效果更好。

• 烹煮泡麵▶

煮泡麵時，先放 2 ～ 3 滴白醋，會使麵條更有彈性，減少速食的有害物質。

• 燒烤肉串▶

肉片插進竹籤前，先稍微泡一下白醋水再串上，食用時可輕鬆取下烤肉。

• 煎雞蛋捲▶

加入 2 ～ 3 滴白醋，煎出來的蛋捲會更有彈性，且不易破掉，更容易捲起。

• 搶救蔬菜▶

只要將枯萎但仍可食用的蔬菜，浸泡在放有兩大匙白醋和一大匙砂糖的水中約 20 分鐘，蔬菜就能恢復新鮮，看起來更美味可口。

• 煎魚幫手▶

在魚肉表面抹上些許白醋，其蛋白質成分就會凝固，煎魚時不易破碎。此外，煮鮮魚火鍋時，若放點白醋，魚肉也會更有彈性。

• 浸泡海帶▶

浸泡海帶時，只要放 3 小匙白醋，就能去除海帶的腥味。

清潔 TIP

正確使用小蘇打粉&檸檬酸的方法

　　小蘇打粉是鹼性，檸檬酸則是酸性，因此用途與成效截然不同。小蘇打粉主要清除久放會變成酸性的物質，因此可徹底清除抽油煙機的油垢，或排水口的食物汙漬等頑強汙垢上；相反地，鹼性的汙染物質則可使用檸檬酸清潔，主要用於尿垢、水漬或魚腥味、煙味上。

• 混合小蘇打粉和檸檬酸，去除頑強汙垢

　　若是混合小蘇打粉（鹼性）和檸檬酸（酸性），會起泡並產生二氧化碳，這並非有害物質，所以無須驚慌；相反地，能增加除垢力，去除頑強汙垢或黴菌。

※註：檸檬酸與氯系產品（漂白劑等）一起使用，會產生氯氣，十分危險，因此請勿將兩者混合使用。此外，做好的白醋請在一週內使用完畢；也請勿將小蘇打粉和檸檬酸的混合液保存在密閉容器中，避免產生二氧化碳，造成爆炸。

環保清潔劑 ❺：咖啡渣

近年來「喝咖啡」已成為大多數人的日常生活，因此，不論去哪家咖啡廳，都能輕易取得咖啡殘渣。咖啡渣不僅可用於清潔，亦可除臭，是實用且經濟實惠的清潔劑。

❶ 曬乾後再使用

從咖啡廳拿回來的咖啡渣，使用前請務必先曬乾。若量多，可鋪張報紙，將咖啡渣放在通風處，使其徹底乾燥；若量少，也可以用微波爐烘乾；但如果選用微波爐，只有在咖啡渣是潮濕的狀態下才能進行微波加熱。而烘乾的咖啡渣請放進冰箱保存，需要多少再拿出來使用即可。

▲ 咖啡粉沾手，表示還沒乾。

▲ 徹底乾燥的咖啡渣，不沾手。

❷ 當作除臭劑

將乾燥的咖啡渣裝進防潮袋裡，再放進鞋櫃或有煙味等需要除臭的空間即可。

TIP 潮濕的咖啡渣容易發霉，反而帶來反效果。

▲ 將乾燥的咖啡渣裝進防潮袋，就可當除臭劑使用。

❸ 清除平底鍋的油漬

我們也能利用咖啡渣，清除平底鍋上留下的油垢。將咖啡渣放入沾有油漬的平底鍋中，一邊擦拭油漬，一邊輕輕拌炒，就能清除油垢和魚腥味。此外，也可用咖啡渣，輕輕擦拭盤子上的魚肉油漬，再以清水沖淨，就能清除大量油垢。

▲ 放入咖啡殘後，稍微拌炒一下即可將油垢去除。

▲ 不用水，單靠一張紙巾和咖啡渣，就能徹底清潔。

TIP 若將用過的咖啡渣丟在水槽裡，會造成沉澱物堆積，堵住排水口，因此務必將咖啡殘渣直接丟在垃圾桶裡。

❹ 去除容器內的食物味

我們通常會將食物保存在塑膠容器內，但由於塑膠容易吸附氣味，所以如果裝的是香氣濃郁的食物，之後便很難再用來裝盛其他食物。但只要在塑膠容器裡放一些咖啡渣，並蓋上瓶蓋靜置半天或一天，最後以水清洗，味道就會消失。

▲ 放入咖啡殘渣，一天後再用水沖洗，可消除氣味。

❺ 去除廚餘的臭味

夏天時，若廚餘桶裡有食物殘渣，易吸引果蠅等其他蚊蟲，造成發臭。因此，若無法即時丟棄廚餘，可在廚餘上撒些咖啡渣，即可避免吸引果蠅，也能減緩廚餘發臭的速度。

▲ 將咖啡殘渣撒在廚餘上，去除惡臭。

❻ 消除屋內的菸味

若有人在家抽煙，只要用酒精稍微噴灑於空室，就能去除煙味。此外，可將咖啡渣裝在菸灰缸中，因香菸會沾到咖啡香氣，進而大幅減少菸味。

▲ 將咖啡殘渣裝在菸灰缸，再熄香菸，可減少煙味。

❼ 當作花草植物的肥料

截至目前為止，我們已認識許多咖啡殘渣的活用妙招。但不僅止於此，其也可以當作花草植物的肥料使用。由於咖啡殘渣含有豐富的氮，因此適合當作堆肥使用。只要將泥土和咖啡渣以 9：1 的比例混合，不僅能減少害蟲生成，也能使花草生長得更繁盛茂密。

▲ 使用咖啡渣當肥料，不僅能減少害蟲生成，也能促進花草的生長，是最天然的施肥劑。

TIP▶ 不管是什麼東西，使用過量都容易引起反效果。若咖啡殘渣使用過量，可能會導致發霉及長蟲，因此請務必多加注意。

淨覺茶 esencia de té

茶籽居家清潔系列
洗衣 / 洗碗 / 洗手 / 衛浴 / 地板

茶籽菁萃 × 極致天然
美好居家 從天然純淨開始

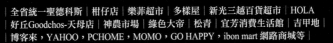

生活樹系列 022

【全圖解】聰明收納術

돈 들이지 않는 수납 · 정리 살림 아이디어　300

作　　　者	張二淑
譯　　　者	林育帆
副總編輯	陳永芬
責任編輯	周書宇
封面設計	蕭旭芳
內文排版	菩薩蠻數位文化有限公司

出版發行	采實出版集團
行銷企劃	黃文慧 · 王珉嵐
業務發行	張世明 · 楊筱薔 · 鍾承達 · 李韶婕
會計行政	王雅蕙 · 李韶婉
法律顧問	第一國際法律事務所 余淑杏律師
電子信箱	acme@acmebook.com.tw
采實官網	http://www.acmestore.com.tw
采實文化粉絲團	http://www.facebook.com/acmebook

I S B N	978-986-5683-81-8
定　　　價	380 元
初版一刷	2015 年 12 月 24 日
劃撥帳號	50148859
劃撥戶名	采實文化事業股份有限公司
	104 台北市中山區建國北路二段 92 號 9 樓
	電話：（02）2518-5198
	傳真：（02）2518-2098

國家圖書館出版品預行編目資料

聰明收納術／張二淑作；林育帆譯. -- 初版. -- 臺北市：
采實文化, 2015.12　面；　　公分. --（生活樹系列；22）
譯自：돈 들이지 않는 수납 · 정리 살림 아이디어　300
ISBN　978-986-5683-81-8（平裝）
1.家政 2.家庭佈置

420　　　　　　　　　　　　　　　　104020932

采實文化　暢銷新書強力推薦

走遍世界的旅行美食家，
精心研發異國 53 道極上抹醬

朝倉惠◎著　謝雪玲◎譯

第一本專門以「飯」為主題
的鑄鐵鍋食譜

主婦の友社◎著　謝雪玲◎譯
坂田阿希子、野口真紀、小堀紀代美◎審定

美顏・燃脂・抗老・低卡，
一喝就愛上！

Sachi◎著　趙君苹◎譯

采實文化　暢銷新書強力推薦

改善憂鬱症、肥胖、過敏、三高的最新飲食法！

西脇俊二◎著　劉格安◎譯

《斷糖飲食》熱銷全台，圖解版強勢登場！

西脇俊二◎著　劉格安◎譯

憂鬱症不是心理疾病，而是「大腦疲勞」所致！

美野田啓二◎著　賴祈昌◎譯

採實文化 **采實文化事業股份有限公司**

104台北市中山區建國北路二段92號9樓

采實文化讀者服務部　收

電話：02-2518-5198
傳真：02-2518-2098

最強
15分鐘

【全圖解】
聰明收納術

1丟 2分 3定位，為物品找一個家，
從此好收好拿好輕鬆

系列專用回函

系列：生活樹系列 022

書名：【全圖解】聰明收納術

讀者資料（本資料只供出版社內部建檔及寄送必要書訊使用）：

1. 姓名：

2. 性別：□男　□女

3. 出生年月日：民國　　　年　　　月　　　日（年齡：　　　歲）

4. 教育程度：□大學以上　□大學　□專科　□高中（職）　□國中　□國小以下（含國小）

5. 聯絡地址：

6. 聯絡電話：

7. 電子郵件信箱：

8. 是否願意收到出版物相關資料：□願意　　□不願意

購書資訊：

1. 什麼原因讓你購買本書？□對主題感興趣　□被書名吸引才買的　□封面吸引人

　　□內容好，想買回去試看看　□其他：_____（請寫原因）

2. 看過書以後，您覺得本書的內容：□很好　□普通　□差強人意　□應再加強　□不夠充實

3. 您覺得對這本書的整體包裝設計：□都很好　□封面吸引人，但內頁編排有待加強

　　□封面不夠吸引人，內頁編排很棒　□封面和內頁編排都有待加強　□封面和內頁編排都很差

寫下您對本書及出版社的建議：

1. 您最喜歡本書的特點：□封面吸引人　□實用簡單　□包裝設計　□內容充實

2. 您最喜歡本書中的哪一個章節？原因是？

_____

_____

3. 您最想知道哪些關於健康、生活方面的資訊？

_____

_____

4. 未來您希望我們出版哪一類型的書籍？

_____

_____